自控力

21天打败拖延

蚂蚁/著

浙江工商大学出版社 | 杭州
ZHEJIANG GONGSHANG UNIVERSITY PRESS

图书在版编目（CIP）数据

自控力：21天打败拖延 / 蚂蚁著. — 杭州：浙江
工商大学出版社，2019.9
　　ISBN 978-7-5178-3274-4

　　Ⅰ . ①自… Ⅱ . ①蚂… Ⅲ . ①自我控制 – 通俗读物
Ⅳ . ①B842.6–49

中国版本图书馆CIP数据核字（2019）第123895号

自控力：21天打败拖延
ZIKONGLI：21 TIAN DABAI TUOYAN
蚂蚁　著

责任编辑	唐红　谭娟娟
封面设计	新书艺文化
责任印制	包建辉
出版发行	浙江工商大学出版社
	（杭州市教工路 198 号　邮政编码 310012）
	（E-mail:zjgsupress@163.com）
	（网址:http://www.zjgsupress.com）
	电话：0571-88904980，88831806（传真）
排　　版	内秀内文
印　　刷	北京雁林吉兆印刷有限公司
开　　本	880mm×1230mm　1/32
印　　张	7.5
字　　数	120 千
版 印 次	2019 年 9 月第 1 版　2019 年 9 月第 1 次印刷
书　　号	ISBN 978-7-5178-3274-4
定　　价	48.00 元

浙江工商大学出版社营销部邮购电话　0571-88904970

目录

第一章
战胜拖延

第二章

加强自控

第三章

培养习惯

第四章

实用工具

第五章

精进自我

第一章

战胜拖延

你为什么会拖延

拖延是指在能够预料后果有害的情况下，仍然把计划要做的事情往后推迟的一种行为。现在来回想一下，你会拖延吗？

翻开这本书的人，大部分会回答"会"。

拖延是一个普遍存在的现象。一项调查显示，75%的人认为自己有时会拖延，50%的人认为自己一直在拖延。

可以说拖延每个人都会，只是程度不同。

先来回想一下，以下这些日常事务中，有哪些是你一直拖着不愿意开始的，又有哪些是不会拖马上就去做的？

■跑步。

■阅读学习。

■组队打游戏。

■约会、聚会。

年初就计划开始跑步了，可直到年终，还是一直拖着不愿意开始；计划好一年阅读100本书，可拿起书来就困，到现在一本书还没读完；和人约好晚上9点组队打游戏，不会拖，还会早早地打开游戏界面等待；和女（男）朋友约好晚上8点见面，不会拖，还会早早到达约会地点。

再来回想一下工作上的事，以下这些任务哪类你会拖，哪类不会？

■ 回复处理邮件。

■ 完成一份项目报告。

■ 组织公司新产品的发布会。

■ 收发快递。

回复邮件和收发快递，这个简单，一般不会拖；项目报告还需要汇总数据，整理数据，有点麻烦，可能会拖；新产品发布会以前从来没弄过，根本不知道怎么做，就想等等看，也会拖。

由此不难发现，一个人对简单的工作任务往往不怎么拖，会早早地做完，而对复杂困难的任务却迟迟不愿意开始，总是拖到最后。

这也就说明，你并不是所有事都在拖延。

为什么对不同的事，你有的会拖延，有的不会？原因有很多，概括起来主要有六个方面，分别是大脑结构、心理、心态、情绪、环境和自控力。

大脑结构决定了一个人遇事会拖延

大脑中有个脑前额叶，它是大脑最重要的区域之一，有着非常广泛的神经联系，接受和处理大脑各部位传入的各种信息，并给出对应的操作指令。

脑前额叶处理的信息分为三部分：一部分是比较枯燥困难的事情；一部分是轻松简单的事；还有一部分是需要做出选择的事，比如，决定到底应该做哪件事，是困难的还是简单的。

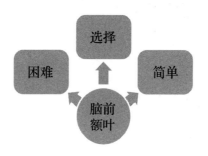

现在领导交代给你一件事，让你今天下班前完成一份项目报告。接到这个信号后，你的大脑就开始处理，做决定了。

它会觉得项目报告太麻烦了，有一定的难度。本来这是应该马上开始做的事情，可在准备开始时，看到网站上弹出一个新闻，大脑中又有一个想法，先去看看新闻吧，这是很简单轻松的。

面对这两个选择，自控力强的人可以克制冲动，拒绝做简单的事情，选择做应该做的事，但大部分自控力不强的人会选择做简单轻松却本不应该做的事。这样拖延就产生了。

大脑结构是无法改变的，想要减少拖延，你只能明确区分什么事是应该做的，什么事是不应该做的，以便让大脑做出更好的选择。

不同的心理原因，会引起拖延

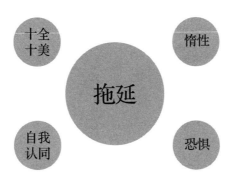

第一个心理原因：惰性

惰性心理就是懒，能躺着绝不坐着，能坐着绝不站着。来想想你是不是也这样？

每个人都有惰性，因为懒，该做的事都不想做，只想往后放一放。

工作上的事情一般还有个截止时间，到了截止时间，再懒也得去做。日常生活中的大部分事没有截止时间，衣服脏了，懒得洗，先放放吧，反正还有别的衣服，这就产生了拖延。

第二个心理原因：追求完美，什么事都想做得十全十美

写项目报告，图表一定要漂亮，开头一定要好，模板一定要全，结果是花了很长时间去找模板，开头写了删，删了写，领导要了，还没完成，这也是拖延。

追求完美是想得到别人的认同，害怕因为一点瑕疵让别人觉得自己能力不行。为了证明自己的能力，就想做得让所有人都满意。

但这世上是没有十全十美的事的，不可能让所有人都满意。所以，做事先要保证完成，还有时间的话，再追求完美。

第三个心理原因：恐惧

因为害怕，一直不愿意开始。

面对一件事情，首先想到的是各种困难。打算换工作了，还没去面试，就会觉得自己能力不行、经验不足、学历不够。

面对一些未知的事物，人就会恐惧，就会害怕。这件事情我从来没有做过，该怎么办？先放一放吧，等想清楚了再做。于是拖延又产生了。

其实好多困难都是自己想出来的，有些事情并没有那么难，只是你自己觉得它难，所以不敢去做。

我之前在一家很普通的公司上班，有一天突然接到了猎头的电话，他推荐我去参加一家知名公司的面试。一开始我觉得自己能力不行，肯定会失败，一直不想去参加面试。后来想着要和猎头搞好关系，去就去吧，就算失败也没什么。结果当天经过了六轮面试，当场被录用。

第四个心理原因：自我认同

一说到拖延，大部分人都会说自己的拖延症很严重，是改不了的。如果自己都这么认为，那就真的改不了了。

我的一位女性朋友一直说自己很胖，太能吃。每次聚会刚开始，她就会跟别人说："我因为胖，所以很能吃。"为了表现出很能吃的样子，本来差不多吃饱了，还要尽量去吃。

心理上一直这样自我认同，就会希望别人也这样看待自己，想做出一些改变真的很难。

对待事物的不同心态，决定了拖延的程度

自信

当你面对一件事情时，有一定的自信，觉得这件事自己肯定能做好，那你一般会马上去做；如果你觉得这件事情自己做不好，没自信，就会拖延了。

需要注意的是，当你面对一件事情过度自信的时候，拖延也会产生。

拿到一个工作任务后，你觉得这个任务对你来说太简单了，到时候随便弄弄，就能做好。因为太过自信，你可能不会早早去执行，而是先去做别的事，或者先放松一下、休息一会儿，等时间快到了再做。结果，当你真正去做的时候就会发现，这件事没有想象中的那么简单，不能马上在有限的时间里做完。

没有自信或太过自信，都会产生拖延。所以，当你拿到一个任务后，请保持冷静客观的心态，明确自己具体该怎么做，合理地安排，从而避免拖延。

动力

在做一些事情时，你突然就会感觉没有动力，不想再继续了，先放一放吧。

有些工作任务比较简单，时间长了你就会觉得没有挑战性，没有新鲜感，就会失去动力，再拿到类似任务时，就不想马上去做，就会产生拖延。

比如，每天都让你提交项目报告，刚开始你觉得难，会认真对待。写得多了，你就会觉得简单，太没意思了，于是不想再做这件事情了，想去尝试一下别的工作。下次领导再交代写报告和新任务，你肯定会先做新任务，把写报告的任务放在一边。

然而，项目报告直接影响后续项目的进展和明天工作内容的安排，是应该先完成的，新任务由别的同事代替完全是可以的。结果因为你不想做，影响了整体项目的进度。

事情的结果对你产生的影响

你觉得这件事做好做坏对自己来说都没有什么影响，于是不太重视，这样也会产生拖延。

做好项目报告，可以得到领导的认可，有升职的可能，那肯定要早早开始，好好地做；做好项目报告，自己也没机会升职，那就不会好好做了。

对待同一件事情，不同人的心态不一样，做事的结果也完全不一样，产生的拖延程度也不同。

不同的情绪，会引起拖延

简单来说，情绪分为消极情绪和积极情绪。如果你面对一件事情，保持的是积极情绪，那你肯定会早早地把它做好；如果你面对一件事情时情绪消极，甚至有抵触情绪，那你就会拖着不去做这件事。

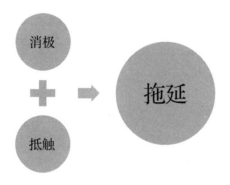

本来自己工作很积极，各项工作任务都按时完成，结果这次加薪没轮到自己，另一个同事看起来没怎么努力却轮上了。出现这样的结果，大部分人会觉得不公平，情绪就会波动，由积极情绪变为消极情绪。工作时就没有那种积极的感觉了，反正"做得再好，加薪也轮不到我，干吗还要好好做呢"，以至于本来能提前完成的，结果拖到最后才完成。

所处的环境，决定了你是否会拖延

实际上，你身处的环境也会影响拖延的产生。

试想一下，大学时代，明天就要考试了，但整个宿舍的人都在打游戏，没人复习；而另外一个宿舍，全员都在积极地复习。当你处于这两个完全不同的环境时，你是要复习，还是要打游戏呢？

处于第一个环境中，本来是想去复习的，但看到周围的人都在打游戏，你肯定会加入他们的行列；在第二个环境中，别人都在认真复习，就你一个人在打游戏，你觉得自己还能打下去吗？

环境对人的影响是非常大的。如果周边诱惑太多，你本来想努力工作，早点把项目报告做完，但同事经常来找你聊八卦，聊着聊着，这件事就不知道拖到什么时候才做了。

自控力不强，让你不自觉地拖延

除了大脑结构、心理、心态、情绪和环境，引起拖延还有一个重要的原因，就是自控力不强。

要行动了，哪怕环境很好，心态、情绪也调整好了，你还是不想去做，这时如果你的自控力比较强，就不容易拖延了。

今日笔记

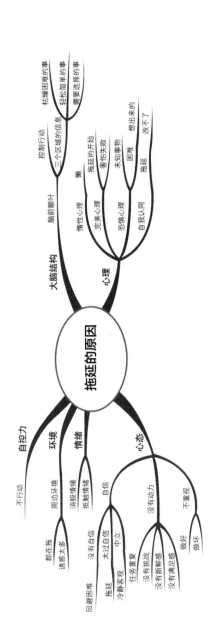

拖延的原因

大脑结构
　脑前额叶
　　控制行动
　　三个区域的信息
　　　枯燥困难的事
　　　轻松简单的事
　　　需要选择的事

心理
　惰性心理
　　懒
　完美心理
　　拖延的开始
　　害怕失败
　恐惧心理
　　未知事物
　　困难
　自我认同
　　想出来的
　　拖延
　　改不了

自控力
　不行动

环境
　周边环境
　　都在拖
　　诱惑太多

情绪
　消极情绪
　抵触情绪

心态
　自信
　　没有自信
　　太过自信
　中立
　　冷静客观
　　任务重复
　没有动力
　　没有挑战
　　没有新鲜感
　　没有满足感
　不重视
　　做好
　　做坏

回避困难

今日实战

1. 列出近7天没有按时完成的事，请至少列五项。

2. 分别归类，分析各是什么原因引起的。

3. 总结一下哪一类原因比较多，这也是你需要重点解决的。

序号	事项	分析	原因
1	阅读一本书	不想读	心理
2	完成项目报告	没做过，害怕做不好	心理
3	跑步健身	害怕别人说自己	环境
4	当天工作完不成	觉得时间还早	心理
5	开始早睡早起	不重视	心态
6			
7			

那些年为拖延找的借口

面对一件事，大多数人不愿意开始行动，还会给自己找一些借口，想说明拖延不是自己的错。

下面来看一下拖延时我们找的借口都有哪些，同时给出解决的方法。

我有选择恐惧症

为什么会产生拖延？有人会说"我有选择恐惧症"。面对两件事情，不知道到底该先做哪件后做哪件，觉得两件都重要，光在选择上就要花很长时间。

这真的是选择恐惧症吗？其实这只能说明你对这些事情的重要程度没有做出明确的区分。当你开始做出一些选择时，大部分的情况是在"必须完成"和"觉得应该要完成"这两者之间选择的。

周末了，你看到屋子好久没收拾，觉得应该收拾下，同时还有另外一件事——周一要提交一份项目报告，还有一些没完成，需要周末加班弄好。

面对这两件事情，习惯拖延的人会先去整理屋子，理由是桌子上太乱了，不整理一下，没有地方好好工作。既然要整理，那就把整间屋子整理完吧。收拾完了，也到下午了，太累了，先休息休息、放松放松吧。就这样拖着，项目报告在白天没有完成，到晚上只能熬夜解决了。

这就是没有区分清楚"必须完成"的事和"觉得应该要完成"的事。你觉得收拾屋子应该是必须完成的，完成了才能去做工作上的事情，其实在屋子的整洁程度不影响工作的前提下，工作上的事情才是你真正必须完成的。

在面对选择时，要分清哪个是因，哪个是果。并不是说因为你没有收拾屋子，你的工作内容才没有完成，而是因为这个工作内容，让你产生了先收拾屋子的想法。

现在过得很好，没必要做那么多

这个借口就是人们经常说的不愿意走出"舒适区"。很多人喜欢活在当下，就觉得"我现在过得不错啊，为什么还要去做这些"，这样就会产生惰性的心理。

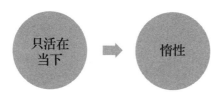

之前一位朋友一直在说他想换工作，但始终没行动。我问他为什么，他回答是舍不得现在的这份工作，不忙也不累，再找的工作又忙又累怎么办，所以一直拖着不辞职。结果每天总是抱怨收入低，可就是舍不得放弃。

如果你想做一件事，但一直没开始行动，那就说明其实你并不想做这件事，只是喜欢想而已。

时间还早着呢，不着急

为什么不早早地做呢？因为时间还早着呢，有的是时间做。

时间是看不到的，没有直观上的感觉。10分钟有多长，没感觉，但如果是一个沙漏，10分钟后会流空，看着沙子一点一点地流下，越来越少，你才会感觉时间很短。

如果你遇事感觉时间还很早，建议你采用倒计时的方法。先搞清楚完成这件事需要几个步骤，再从截止时间向前倒推。

完成这件事共需要四个步骤，最晚要在明天下班前完成，那第一步就需要今天上午完成，第二步需要今天下午完成，第三步需要明天上午完成，第四步需要明天下午完成。

把截止时间倒推，拆解到每一个步骤里，把每个步骤当成新的事来做，你就不会觉得时间还很多，就会早点开始执行了。

我很忙，没有时间去做

每天有好多事要忙，没时间做这件事，先把它放一放吧。

好多人会把上班8小时安排得满满的。每天真的都有那么多事要去做吗？那就试着把今天要做的事列出来吧，也就是常见的今日待办清单。

有的人会在今日待办清单上列不少事，只要能想到的今天要做的事，就列上来。其实有好多事并不是今天必须完成的。

建议不要再列今日待办清单了，改为列"不可逃避清单"，只列出必须自己去做，别人无法替代的，今日必须完成的事项。

这样的清单上都是你没办法逃避的、必须完成的事情，不会让你迷失在日常的琐事中，然后找借口说今天有很多事，今

今日待办清单	不可逃避清单
·早睡早起	·项目报告
·按时吃饭	·联系客户
·项目报告	
·发送快递	
·联系客户	
·去父母家吃饭	
·阅读学习	

天很忙。

此外，大多数人并不是真的没时间，而是把时间浪费了。

现在请打开你的手机看一下用电量，哪个App用电量最多？大部分人会发现是微信。一天没有时间做事，为什么还有这么多时间聊微信呢？除非你是用微信来工作的。

还没想好怎么做，再等等吧

为什么不早做？因为还没想好怎么做。

工作上需要写个文案，现在没有任何灵感，写不出来，只能先放一放了。灵感并不是一直等、一直想就能有的，得不断整理才行。

这里推荐使用思维导图。没有灵感，头脑很乱，可以先不写文案，但至少先用思维导图整理一下思路，而不是坐着等。

把你现在想到的用思维导图画出来，在整理的过程中你可能又会想到好多新点子，这样灵感自然而然就出现了。

所以，下次再遇到大脑混乱的时候，不要等，先整理思路，说不定就知道该怎么做了。

今日笔记

拒绝借口

选择障碍
- 选择
- 取其重
  - 必须完成的事
  - 应该完成的事

舒适区
- 活在当下
- 区分
  - 想
  - 做

执行力
- 空等灵感
  - 执行中找
- 思维导图
  - 截止时间
- 时间尚早
  - 拆解任务

没时间
- 没时间
  - 今日待办清单
  - 不可逃避清单

今日实战

1.列出几件近一个月内想做的事。

2.区分一下哪些是必须做的、哪些是应该做的，列出原因。

3.只保留必须做的，明确截止时间。

4.一周后回顾执行结果，分析没有完成的原因。

5.统计一下用在这些事上的时间，对比玩手机、玩游戏的时间，哪个多。

任务列表

想做的事	必做的事	原因	截止时间
阅读学习	阅读学习	为了更好地完成工作	读完一本书，本月月底完成
跑步健身	提高工作效率	经常加班，没有时间学习	本月内减少加班次数
早睡早起			
提高工作效率			
解决拖延			

必做的事	执行过程				
	时段	任务	结果	原因	用时
阅读学习	第一周	学习第一章	只完成第一章	没有时间	三小时
	第二周	学习四、五章			
	第三周	学习六、七章			
	第四周	回顾复习			
提高工作效率					

把复杂的任务拆解成合理可行的行动

有时候，面对一件事，你不知道该从哪儿入手，不知道该怎么去做。因为不知道怎么做，所以一直在思考，这就造成了拖延。

如果面对一项任务，你知道第一步做什么，第二步做什么……这样会好很多。

所以，在接到任务后，最好能先将其拆解成一个个可以直接执行的行动。

知道有哪些事要做，才能做好安排

列出今日待办清单列表，明确有哪些事要做。

建议在每天早上花5~10分钟，先列一下今日有哪些事要做。列完后浏览下，把不是必须做的事删除，即把今日待办清单变为不可逃避清单。

在列清单时最好能分一下类，这样可以避免遗忘。但是分类不要太细，太细了光想就要花好长时间，而且想到的都是一些琐碎的事。

分类从这五个方面来进行就可以了，分别是工作、生活、学习、健康和财富。

工作

- 项目报告
- 接待客户
- 发客户合同

生活

- 去父母家吃饭

学习

- 确定学习内容

健康

- 跑步5公里

财富

- 减少吃饭开支

早上起来，先分类列一下有哪些事要做：工作上，要完成一个项目进度报告，要去接待客户，还要给客户发合同；生活上，今晚要到父母家吃饭；学习上，因为要考证，所以需要确定一下学习内容；健康上，有没有给自己安排一些健身活动，有就列上，没有就不列；财富上，记账等也可以列出来。

做好分类，不仅可以让清单内容更清晰，也更容易进行优先级的排序。

早上醒来就知道今天有哪些事情要做，可以做到心中有数，根据事情多少来安排时间。如果今天的事情非常多，那你首先会想到的是早早开始行动。

计划不是固定不变的，需要根据现实进行调整

把要做的事情列完以后，接下来需要进行整理。

可以固定两个时间点来进行集中整理，避免因随时整理而浪费时间。

第一个时间点是刚上班，准备正式工作前。早上9点上班，就在9点到9点15分这段时间进行整理调整。

为什么在这个时间点整理？因为到了公司后，你需要先查收邮件和各类消息留言，也许就会有其他事情需要做。除了这些，还有一些口头上的、领导交代给你的新的任务，或同事咨询你一些事，需要你给出答复等。把这些事情增加上去，事情变多了，本来的安排就需要进行调整。

第二个时间点是午休结束后，开始下午的工作之前。中午12点到下午1点休息，在下午1点开始工作前，花一些时间根据上午的工作情况进行调整。

最常见的情况是上午的工作延后，要占用下午的时间，这样今天有些事情就完不成了，需要调整。还有，你在上午做事的过程中，又新增了别的事情，也需要补充到清单中。

工作

· 项目报告
· 接待客户
· 发客户合同
· 组织培训——新增

生活

· 去父母家吃饭

学习

· 确定学习内容

健康

· 跑步5公里

财富

· 减少吃饭开支

如果新增的事项过多，今天的时间不够用了，你可以将一些事项转移或删除。

转移就是将事情交给别人来做。转移又分两种情况。

第一种情况是转移的人让你特别放心。

今天的任务中有一项是给客户发合同，就是将合同盖章后快递给客户。这可以请同事小刘来帮忙完成。小刘做事认真负责，交给他的事情他都能按时按量完成，不需要担心什么。你直接把给客户发合同的事转移给小刘就可以了，在自己的待办清单中直接删除该任务。

第二种情况是转移的人让你不太放心。

这种情况下将任务转移出去后，还需要在待办清单中新增一项任务，用来确认事情是否完成。

把给客户发合同的任务转交给小张了，不太确认他能否按时发出去，那在待办清单中就需要新增一项"下班前确认合同是否发出"。

如果无法转移，就要看一下可不可以删除或调整时间。

本来安排了今晚到父母家吃饭，但今天工作实在太忙，需要加班，晚上没办法去吃饭了，需要重新安排时间。如果这

工作

- 项目报告
- 接待客户
- 发客户合同——交给小张——转移
- 下班前确认合同是否发出——新增
- 组织培训——新增

生活

- 去父母家吃饭

学习

- 确定学习内容

健康

- 跑步5公里

财富

- 减少吃饭开支

几天都很忙，不确定时间，就直接删除；如果可以确定哪天有空，就调整到那一天。

工作

- 项目报告
- 接待客户
- 给客户发合同
- 组织培训——新增

生活

- 去父母家吃饭——删除

学习

- 确定学习内容

健康

- 跑步5公里

财富

- 减少吃饭开支

拆解后的计划才具有可执行性

经过新增、转移、删除和调整后，剩下的任务就都是需要自己去做的了。到这一步还没达到可以直接执行的地步，还需要对各个任务进行拆解才可以。

进行拆解前，首先要区分项目、任务和行动。区分清单上

行动
· 接待客户
· 给客户发合同
· 去父母家吃饭

任务
· 项目报告

项目
· 组织培训

哪些是项目，哪些是任务，哪些是行动。

项目是由任务组成的，任务又是由好几个可以直接执行的行动组成的。

行动是可以直接执行的，不需要复杂的操作和准备。

像去父母家吃饭，什么事也不需要准备，下班后直接到达就可以，这就是一个行动。

任务是不能直接执行的，需要好几个步骤才能完成。

要完成一份项目进度报告，最少需要三个步骤。第一步需要明确项目当前的进度，第二步需要汇总收集来的数据，第三步才是写文档，确认无误以后再发邮件。这种类型的就属于任务。

项目不是几个步骤就可以完成的，而要分好几个不同的阶段。工作中的项目经常是需要多人同时配合才能完成的。

组织一次新员工培训，至少要分为准备、培训和考核三个阶段，而每个阶段又有不同的任务。

比如准备阶段，首先要确认培训时间、地点和内容。

确认培训时间、地点和内容，又可以继续拆分。时间需要

行动

- 接待客户
- 给客户发合同
- 去父母家吃饭
- 项目报告——确认进度
　　　　　——数据收集
　　　　　——写文档
- 组织培训——准备——确认时间
　　　　　　　　　——确认地点
　　　　　　　　　——发送调查问卷
　　　　　　　　　——完成PPT
　　　　——培训——座位安排
　　　　　　　　——资料发放
　　　　　　　　——现场讲解
　　　　——考核——组织考核
　　　　　　　　——打分

和人事部门的同事确认，地点需要和行政部门的同事确认，内容又需要提交领导查看，这就至少拆分成三个任务了。每个任务又继续拆解成行动，像准备培训内容，分为发调查问卷、收集需求、整理PPT、发送邮件等行动。

拆分的目的就是把清单所列的事项都转变成一个个具体行动，直接执行就可以，不需要再思考到底该怎么去做，先做什么、后做什么。

调整计划时间，保证当天可完成的任务

拆解完后还需要根据时间点再调整一下，因为好多任务并不是今天必须完成的。像新人培训，这么多的行动，也需要别人来配合，不是一天就可以完成的，所以需要根据时间节点再调整。

> **行动**
>
> · 接待客户
> · 给客户发合同
> · 去父母家吃饭
> · 项目报告——确认进度
> 　　　　——数据收集
> 　　　　——写文档
> · 组织培训——准备——确认时间

要完成新人培训，今天我只要和人事部门确定好时间就可以了，这个任务就留在今日待办中。确认地点是可以明天完成，那就放到明日待办里。准备资料等是可以后天或者过几天再完成的，就放到日程表里。

后续每天早上列清单时，先看下日程表，也就不会有遗漏的情况了。

计划有例外，优先完成最重要的任务

计划安排得再好，也会有例外的情况，本来估计完成一件事只需要两个小时，结果用了四个小时，还有两件事没完成，剩下的时间只够再处理一件事了，该处理哪一件？有了优先级就方便选择了。

优先级分高、中、低三类即可。

高的是今天必须完成的，不能延后；中的是最好今天完成，但也可以放到明天的；低的是可以往后延好几天，甚至短期内不做也可以。

像接待客户，跟客户约好了是在今天，这个肯定是没有办法往后延的，所以优先级是高。到父母家吃饭，约好今天，但优先级并不高，就算今天不去，往后延好几天也是可以的。

项目报告拆分成了收集、汇总和整理三个行动，如果领导明天上班时就要查看，那优先级就是高，今天必须完成；如果是明天下午开会时用，那优先级就是中，可以延后一点，明天上午完成也是可以的。

高

· 接待客户
· 项目报告——确认进度
　　　　　——数据收集
　　　　　——写文档

中

· 给客户发合同
· 组织培训——准备——确认时间

低

· 去父母家吃饭

明确了优先级，也就知道什么可以拖，什么不可以拖，这样就不会因为拖延耽误正事了。

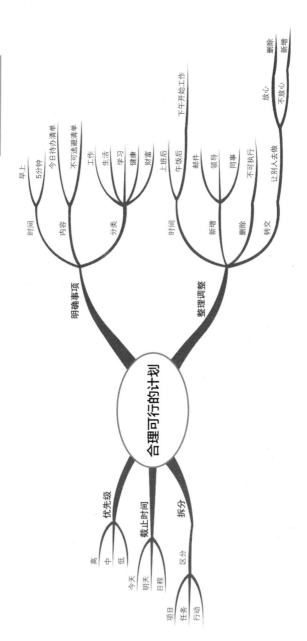

今日实战

1. 列出今天要完成的事项。

2. 按本节的步骤，将要完成的事项拆解成可直接进行的行动。

3. 按事项的截止时间将其排出优先级。

4. 尝试将自己的任务转移给别人，减少自己的工作内容。

使用番茄工作法，保持专注

有时，注意力不集中，无法专注在一件事上，本来不想拖的，但做着做着就走神了，事情也就无法按时完成了。像读一本书，本来要两小时内读完的，但注意力不集中，3个小时后仍然没读完。

随着互联网的发展，特别是用手机随时随地都会收到消息，人们更加无法专注了。正在做一件事情，微信弹出一条消息，你就会不自觉地打开来看看，需要回复的再回复一下，对方收到后又回复你。就这样，你一句他一句地开始聊了。不知不觉中，原计划做的事情就被拖延了。

想减少拖延，需要提高注意力，提升专注力。番茄工作法是在工作中提高注意力、专注力的好方法。

什么是番茄工作法

番茄工作法是一个时间管理的方法，基本流程是拿到一个任务后，倒计时25分钟，25分钟内只做这一件事，等25分钟结束后，休息5分钟，然后继续下一个25分钟。

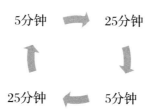

5分钟 ➡ 25分钟

25分钟 ⬅ 5分钟

番茄工作法将大块的时间拆分成了一个个小的时间段，可以帮助我们从心态上减少拖延。看到距离截止时间还有几个小时，你会觉得时间还很长，拖着不想早点开始。使用番茄工作法，你会觉得这25分钟很短，再不做就没时间了。

25分钟内只能做一件事，可以减少打扰。像刚才说的，工作中经常会遇到中断的情况，你正在做一个任务时，同事来找了，领导来找了，要么是有事商量，要么是让你去做另外一件事。等你把这些事处理完，回过头来原计划的事又无法按时完成了。

休息时长也限定了具体时间，可以减少时间浪费。执行过程中很多人总会觉得累，就想休息休息，嘴上说的休息一分钟，但经常是越休息越想休息，时间会浪费掉，任务也会被拖延。

学会使用番茄工作法，可以更好地利用时间，提高专注力，减少时间浪费，从而减少拖延。

不要太在意工具，越简单越好

要使用番茄工作法，首先需要选择一个合适的工具。现成的工具有很多，有各类手机App、电脑软件，还有厨房定时器、沙漏等，只要是能起到倒计时作用的就可以。

厨房定时器的声音比较大，适合一个人在家时使用；沙漏比较文艺，摆在办公室里比较好看，也不会打扰到别人，但用久了时间会不准；电脑软件适合坐办公室的人员，因为大部分的工作都是在电脑上完成的；手机App比较适合外出办公的人群，办公室人员也可以使用，但是比较容易引起注意力不集中的情况，后面会说到。

具体哪个好，这里不必纠结。刚开始不要在选择工具上浪费太多时间，可以先直接用手机自带的闹钟，倒计时25分钟，等掌握了番茄工作法再选择适合自己的工具。

执行前先评估数量，更有概念地安排时间

要保证行动可按计划完成，你在使用番茄工作法前，需要先进行一个数量上的评估，评估下这个行动大概需要用到几个"番茄"。

一个"番茄"是25分钟加5分钟，即半个小时，可以看一下这个行动半小时之内能不能完成。半小时内能完成，那就是需要一个"番茄"，用两个小时才能完成，就是四个"番茄"。

像接待客户，要带领客户参观公司，还要介绍业务，大概

需要一个半小时，那就是三个"番茄"。完成项目报告的数据收集，直接查看邮件和咨询项目负责人就可以，半小时内可以完成，就是一个"番茄"。

转移给别人的任务，比如给客户发合同，直接和小刘说几句话就能交代清楚的，这个就不需要"番茄"了。如果是自己亲自做，首先要查看合同，看有没有错误，再签字装订，然后包装填写快递单。这差不多也要半小时，即一个"番茄"。

刚开始评估的时候，先不要管是否准确。刚开始肯定会不准，评估得多了，再遇到同类型的任务，就能更加准确了。所以，使用番茄工作法，一定要回顾总结。

只做一件事，保持专注

番茄工作法是要求25分钟内只能做一件事，在执行过程中经常会遇到对一件事的评估是一个"番茄"，实际上这件事不到10分钟就完成了，剩下15分钟该怎么办？

遇到这种情况，很多人会说这件事做完了，就继续下一件事啊，能做几分钟算几分钟。这里要再强调一下，25分钟内只能做一件事情，最好不要再开始另外一件事情。

剩下的时间可以用来回顾、检查这件事情，看看是不是还需要补充一些东西，看看还有哪些地方可以改进，看看能不能做得更好；也可以总结一下，下次遇到同类事情，有哪些好的方法可以直接用。

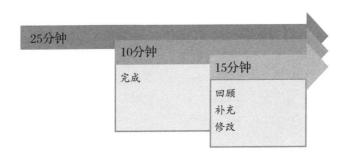

为什么不能做另外一件事？这其实是一个习惯，是一种条件反射的培养，也是提高注意力、专注力的一个方法。

使用番茄工作法久了，只要倒计时一开始，你就会把注意力集中在一件事上，直到完成这件事。如果你总是同时做好几件事，不知道该把注意力集中在哪件事上，导致自己无法专注，那效率会差很多。

那任务中有好多都是不需要半小时，十几分钟就能做完的，怎么办？

先看下有没有同类型的任务，像回复邮件，之前是来了一份马上就回复一份，现在不必马上回复，可以集中在一个"番茄"里执行。因为都是需要在电脑上操作的，都是同一个类型的任务，集中处理效率会高一些，还可以减少任务被中断的情况。

坚持不了25分钟，尝试降低时长

刚开始想持续25分钟集中注意力可能有点难，经常是过了5分钟，你就想休息、想别的事，注意力不能集中在当前事项上。遇到这种情况，可以调整"番茄"时长。

番茄工作法的25分钟是一个比较好的时长，但也并非必须是25分钟。刚开始注意力没办法集中25分钟，可以调整到15分钟，15分钟还是有难度，就调整为10分钟，甚至5分钟、3分钟。只要注意力能够集中到3分钟，休息一下，再来3分钟，这也是完全可以的。

等锻炼到可以把注意力集中3分钟了，再逐步锻炼增加到5分钟、10分钟，最后到25分钟。如果你是学生，也可以加到45分钟，因为一般情况下一节课就是45分钟。最长不要超过一小

时，时间太长精力会得不到恢复。

减少中断的两分钟原则

在执行番茄工作法的过程中，最大的问题就是中断。中断又分为内部中断和外部中断。

内部中断是由自己的原因引起的中断，如注意力不集中，做这件事中想到另外一件事，等等。外部中断是由外部原因引起的，比如同事、领导来打断的情况。

不管是哪种中断，你在遇到中断时，要先掌握一个原则，叫作"两分钟原则"。具体来说，就是这件事情在两分钟之内就能做完的，可以不算中断；超过两分钟的，才算中断。

你正在工作时，父母打电话过来了，问今天晚上大概几点到。本来直接回复一句"7点左右到"，不到两分钟就解决了，可你觉得不能中断当前工作，回复"在忙着呢，一会儿再

说"。那可能的结果是父母等了老半天，你也没回复，就又会打个电话来，这样会再一次打断你的工作。

所以，为了减少重复打断，两分钟之内就能解决的事，当下立马就解决。

自己引起的中断，先记录后执行

超过两分钟的、自己的原因引起的中断，需要进行记录。

建议在办公桌上放一支笔、一张纸，方便随时记录，不要用手机或电脑来记录，减少转移注意力的情况。这里也提醒一下，在一个"番茄"开始前，请将手机上的微信、QQ等App关掉，减少这些对你的影响。

在做项目报告的过程中，你突然想起来该回复一个邮件，因为都是自己的事，回复邮件的优先级也不高，做完项目报告后回复也是可以的，那就将回复邮件这个新的任务写到纸上。

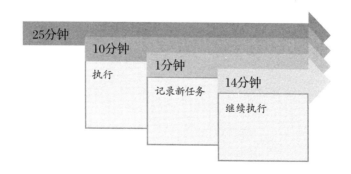

这样也是清空大脑的过程，把想的事情清理出去，可以让你迅速回到刚才正在做的事情上。不写下来，要么是大脑里会一直想这件事情，注意力更加不能集中；要么是过后就忘记了。

想起的另外一件事是比较重要的，不可延后的，你只能中断当前的事项。在中断前同样需要记录一下。

在做项目报告时，你突然想起来给客户发的合同忘记发了，现在不发明天客户就无法按时收到了，会影响到签约，这是比较重要的。

在中断项目报告前，你需要先记录一下当前的进度，做到了哪一步，下一步要做什么。这样在把合同发出后，再回过头来做项目报告，看一下进度就方便继续了，不需要再花时间去想刚才做了哪些。

遇到中断后，刚才的"番茄"是需要取消重新开始的。25分钟内做项目报告，做了10分钟，中断后去做别的事了，完成后是不可以继续刚才的15分钟的。只要超过两分钟，就需要重新开启一个"番茄"，重新开始25分钟。

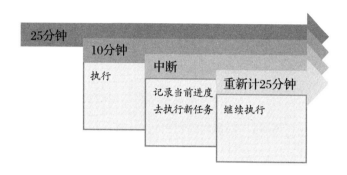

学会说"不"，减少中断

除了自己的原因引起的中断，大部分中断都是外部原因引起的。

比如领导突然有一件更重要的事情需要你去做，那你要记得在遇到更重要的事，必须立马去做时，在中断前要先记录一下进度。

但遇到不重要的事，你就要学会拒绝，减少中断，保证当前的事不被延后。经常发生的就是同事的打断，他的事对你来说并不是那么重要，但对他来说可能是重要的，所以他会表现出这件事很重要的样子，需要你马上给他答复。

遇到这种情况可以采用四个步骤进行拒绝。

第一步是告知。告诉同事，你正在做一件什么事情，而且这件事情还是比较麻烦、比较重要的，大概需要多长时间，让他知道你的现状。

第二步是协商。协商指定另外一个时间点，在不中断你正常事项的前提下再来帮助他解决。"现在是10点钟，等我完成这件事，到11点半的时候再来看，行不行？"

第三步是记录。协商确认时间后，需要把这件事记录一下，避免自己的遗忘。

第四步是答复。到了约定的时间点，一定要给个回复。这样可以让同事觉得你言而有信，说几点就几点。时间长了，同事就不会反复来打断你了。本来说好11点半的，到12点了还没信儿，那同事就又会来找你，再次打断你。

在自己时间够用，有时间帮忙的情况下，可以采用这四个步骤。如果你没时间帮忙，可以把事情转移给别的同事。让同事知道你当前的情况，是最好的拒绝方式。

休息不是为了偷懒，是为了更加专注

接下来说休息。番茄工作法的休息分两类：一类是短暂性休息，就是每个"番茄"之间的5分钟休息；另外一类是阶段性休息，四个"番茄"，两个小时后，需要进行15~30分钟的休息。

工作中遇到一些重要的事，很多人就会想着赶紧把它做完，中间舍不得休息，一做一上午，事是做完了，但是再做别的事就无法集中注意力了，效率会变差。

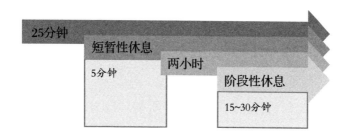

上午精力好，下午没办法集中精力继续工作，下午的工作又会产生拖延。想让所有事都能按时完成，就需要进行精力管理，一直保持好的状态，而精力管理中最重要的一个方面就是休息。休息是要让身体和大脑得到充分的放松，从而恢复精力。

5分钟的短暂性休息，你可以站起来活动活动，去窗边看看外面的景色，或走的距离远一点，去给自己打杯水。不要再接触电脑、手机等电子设备，不要让眼睛继续累。

15~30分钟的阶段休息，你可以下楼走出办公室，到外面充分地放松。如果感觉累了，可以趴在桌上休息。一定要注意休息，不要再让大脑和眼睛去处理事情了。

回顾总结，提高番茄工作法的效用

番茄工作法看起来实用又简单，但在真正实践过程中就会遇到好多问题，而这些问题需要通过回顾总结来不断改进，这样才能真正将番茄工作法的效果体现出来。

首先要进行记录。一开始评估"番茄"的数量时就需要记下来。

这件事开始前，你觉得需要几个"番茄"，实际执行完成后用了几个"番茄"，这两个结果要记录。一开始评估了两个，实际上用了三个，评估和实际在数量上的差距需要记录。

还需要记录被打断的次数，造成中断的原因。

有了记录的数据，接下来才能对应地进行改进。

"番茄"的评估数量不准，是没考虑事情的复杂度，还是高估了自己的能力？找到原因，下次对同类型事情，评估数量就会越来越准确。中断也是一样，下次就会想办法减少同类型的中断了。

不断回顾总结，番茄工作法就会越用越好，你的注意力会更集中，时间利用率也会更高。

今日笔记

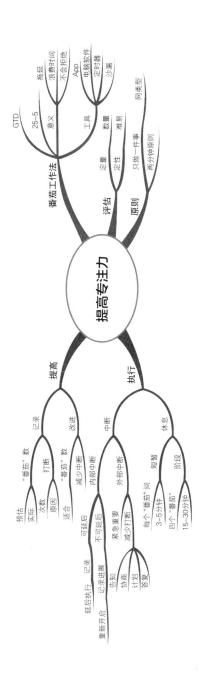

今日实战

1.确定自己注意力可以集中的时长。用手机来倒计时，看看自己的注意力可以集中多长时间。

2.记录下自己注意力不集中的原因，分清是自己的原因还是外部的原因。

3.统计产生中断的原因哪方面比较多，列出减少中断的方法，去验证能否有效。

4.尝试着拒绝别人一次，看看后果会不会有自己想的那么严重。

提高专注力的五种方法

除了工作中可以使用番茄工作法来提高专注力，在日常生活中我们也可以通过锻炼来提高专注力。下面就介绍五种提高专注力的方法，请选择适合自己的多加练习。

舒尔特表法

舒尔特表由表格和数字组成的。刚开始可以先画一个九宫格，将数字从1到9打乱顺序，随机填入表格中，可以请别人来填写，再由自己按顺序从1找到9，看用时多长。用的时间越短，说明注意力越集中。

觉得九宫格简单，可以加大难度，升级到25宫格，横、竖

21	10	16	24	7
14	1	20	8	19
11	17	13	5	23
3	9	4	22	25
12	6	18	15	2

各五个格子，数字从1到25。当然还可以继续增加。

找到1，接下来要找2了，视线要在数字中一个一个地扫描，注意力是需要集中的。一旦注意力不集中，花的时间就会比较多。今天从1找到25用了30秒，看看明天能不能在20秒内找全。建议在日常生活中多练习，可以多人进行比赛。

要注意，一张表练习五次左右就需要重新画一张表了，因为连续看五次后，你对数字的位置都有一些记忆了，这就不是锻炼注意力，而成了锻炼记忆力了。

不想画表格，也可以通过写数字来进行，即从1开始，按顺序写，给自己限定个时间，看看1分钟内可以写到多少。写的数字越多，证明注意力越集中。

静视法

静视法是通过集中观察和描述事物，来锻炼注意力的。

首先选择一个眼前能看到的具体的事物，桌上的台灯、花瓶、手机、电脑等都可以。其次把这个事物放到离眼睛60厘米左右的位置，方便更好地观察。

准备好就可以开始观察了，观察的同时进行默数，一般数到60或90，差不多就是1分钟。在这1分钟内，要集中注意力来观察这个事物的特点。等数完60或90个数字后，闭上眼睛，回想一下自己观察到的特点，并描述出来。

台灯的外观是什么形状的？有几个按钮？品牌是印刷在哪儿的？插头是三口的还是两口的？尽量多地详细描述，只有注意力集中，观察到的才会比较多。

描述得不多，可以重新观察，重新描述，直到可以把这个事物描述得非常详细。还想继续练习，可以换一个事物进行。

动视法

静视法掌握后，你可以练习更复杂的动视法。静视法是观察静态的事物，动视法是要观察动态的、在不断变化的事物。

刚才是坐着观察眼前桌子上的事物，现在可以站起来，绕着屋子走一个圈，边走边观察，走完一圈后，闭上眼睛回想，刚才走的过程中，看到了哪些事物，都有哪些特征。回想完了，再走一圈，看看遗漏了哪些。

注意力集中，才能记得比较多。这个方法也可以锻炼视觉灵敏度。视觉跟上了，大脑才能跟上，才能观察得比较多。

还可以通过观察视频来进行。找一些短的视频，时长五六秒，看视频时不看主角，而是看背景，看完了闭上眼睛尽量回想：视频中人物衣服的颜色是什么，背景中一共出现了几个人，男女各几人，以及其他细节。描述完了再看一次，看看描述得对不对。

静视法和动视法是不需要准备、随时随地都可以进行练习的，不管是上下班路上，还是没事可做时，只要眼前能看到具体事物就可以进行锻炼。

坐公交车回家时，可以观察一下周边，周边都有什么人，几个男生，几个女生，分别穿什么，等等，通过这些来锻炼注意力。

数豆子法

闲在家里，不想画表，也不想费眼睛观察，那可以到厨房拿一些豆子来锻炼。

选择两种颜色的豆子，红豆、绿豆，把它们混在一起，再一个一个分拣出来。虽然看起来似乎很无聊，可这也是锻炼注意力的好方法，还可以锻炼心态。没有耐心的人是无法坚持的，只有静下心来，才能坚持弄完。心态静了，也会不受别的事物影响，从而使注意力更加集中。

冥想法

冥想就是要放空大脑，平衡心态。要达到这个状态就需要注意力集中。

冥想时，需要保持大脑什么都不想，将注意力集中在感受身体的变化上。现状是想把大脑放空，却满脑子想乱七八糟的，这就需要不断地练习了，把注意力集中在一点，也可以减少大脑混乱的情况。

冥想不是随时随地都可以的，需要有一些准备，安静的环境、轻柔的音乐、独处的时间等。刚开始先从1分钟开始，慢慢增加，能达到5分钟就相当不错了。

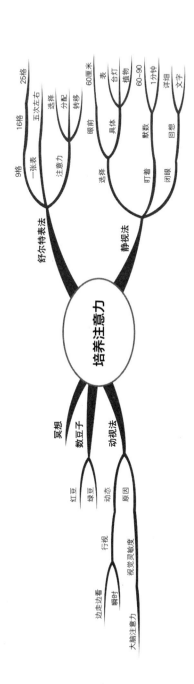

今日笔记

培养注意力

舒尔特表法
　9格　一张表
　16格　五次左右　注意力　选择
　25格　　　　　　　　　　分配
　　　　　　　　　　　　　转移

静视法
　眼前　选择
　60厘米
　具体　盯着　表
　　　　　　　台灯
　　　　　　　植物
　默数　60~90
　闭眼　回想　1分钟
　　　　　　　详细
　　　　　　　文字

冥想
数豆子
　红豆
　绿豆

动视法
　动态　行视　边走边看
　　　　　　　瞬时
　原因　视觉灵敏度
　　　　大脑注意力

今日实战

1.尝试从1写到300，看看在不中断的情况下需要多少时间。

2.提前准备好几张舒尔特表，利用零碎时间进行练习。

3.采用静视和动视的方法观察上下班路上遇到的人，试着非常详细地讲给别人听。

做好精力管理，不让累成为借口

番茄工作法中的休息，是为了进行精力管理，保持注意力的集中。本节详细说明一下如何做好精力管理。

没精力，想行动也行动不起来

大部分人都会在下班后安排一些学习计划，但经过一天的工作，回家后只想着休息放松，学习计划一拖再拖。这就是因为没有做好精力管理。

经过一天的工作，精力已基本耗尽，大部分都不愿再做其他事，就算是强迫自己去做，效果也并不好。所以，最好能够把精力进行合理的分配，工作时不要把精力都耗尽，留一些放到下班后，这样下班后的一些计划才能保证执行。

你的精力管理做得如何？感觉自己注意力不够集中，精神状态不佳，而且思维出现固化，遇事不愿意去思考，能省事就省事，还有情绪上过于悲观？只要出现了以上情况，就表明你的精力出现了问题，需要进行调整和管理。

精力管理可以理解为给身体充电。各类活动，吃饭、挤公交、上班忙碌，甚至呼吸，都在消耗我们的精力。就像用手机打电话、看视频、聊QQ和用微信会消耗电量一样。

手机电量一点点耗尽，不再充电，想玩也不能玩了。同样，我们一直在进行活动，消耗精力，不恢复精力，想继续活动，只能是心有余而力不足。

想让手机电量消耗得慢一些，可以减少玩游戏、看视频的时间，只用手机来接打电话，那电量可以维持一两天，有急事也不怕错过，或者是只要有空，就给手机充电。同样，进行精力管理，也可以减少无意义的事情对精力的消耗，同时通过一些操作来补充精力。

吃好喝好，从饮食上补充精力

睡觉可以给身体充电，恢复精力，饮食也必不可少。一直不吃饭，哪儿还有精力做事呢？

要保持好的精力，首先要保证一日三餐按时吃，最好有固定的就餐时间。营养元素要搭配好，至少要保证包含碳水化合物。碳水化合物就是面条、米饭、馒头之类的主食。有人为了减肥，不吃主食，会出现有气无力的状态，精力就会严重下降。同时建议加一些豆制品，像豆浆、豆腐，这个是比较适合中国人体质的。

除了正餐，建议有条件的人进行加餐，在上午10点左右和下午4点左右各加一餐。

加餐并不是要像正餐一样吃那么多，只需要简单吃一点即可。上午可以吃一把坚果，下午可以吃一个水果。这些在办公室里也是比较容易执行的。

除了三餐，再加两餐，能够让精力保持一整天，这也是精力管理中最重要的一环。

多运动，保持精力充沛

除了通过饮食，我们还可以通过运动来提高精神状态，让精力保持充沛。

需要注意的是，锻炼的时候要全面系统地进行，也就是有氧运动和无氧运动要相结合，不要只做其中一种。

有氧运动是消耗脂肪的，像快走、跑步、游泳；无氧运动是增加肌肉含量的，像举重等器械锻炼。

很多人说自己早上跑完步以后，就会感觉很累，上午的工作状态就不会很好，这种情况就说明精力消耗过大，运动过度了。

遇到这种情况，建议先把跑步量降低一点，跑五公里的可以先减少到两公里。同时做一些无氧运动，锻炼一下核心肌肉。将核心肌肉群练好了，跑步的速度也会提高。

你所谓的休息都不是休息

饮食和运动是用来补充、提升精力的，而休息是用来恢复精力的。感觉特别累时，经过一段时间的休息，精力才可以恢复，精神状态也会改变，做事效率才会提高。

说到休息，大部分人会有一些误区，认为休息不就是睡觉、看电影、打游戏嘛。这些其实都不叫休息，这些休息只会让你越休息越累。

成人的睡眠时长在6~8个小时就完全够了，如果是加班等原因没睡够，补个觉，确实可以恢复一些精力。但睡眠时间完全够，还会有想睡觉的感觉，这就是用脑过度引起的。这个时候的休息就不应该是睡觉，而是应该让大脑放松。

还有好多人一有空就想打游戏、看视频。在打游戏、看视频的过程中，眼睛是一直盯着手机屏幕的，大脑会过于专注，这样会让眼睛和大脑感觉特别累，所以这也不是很好的休息方式。

番茄工作法中的5分钟短暂休息和15~30分钟的阶段性休息，都强调了休息是要让大脑和眼睛放松。

有时候事情确实比较多，你舍不得花时间去休息，这种情况下该怎么办？可以通过切换任务，让大脑休息。

比如，你正在写项目报告，写了两三个小时了，实在累得不行，再继续写下去，状态也会不太好。这个时候可以先把写文案的工作暂时放下来，去做一些操作性的工作，像发快递、回电话等，这样大脑也能得到休息。

建议周末尽量多出去走走，不要总待在屋里，多接触大自然，能让身心得到很好的放松。也可以做一些自己感兴趣的事，喜欢画画那就去画，不用管画得好不好，让心情得到放松最重要。

稳定的情绪能够减少精力的消耗

情绪和精力管理有什么关系呢？

想一下你平常的呼吸节奏是什么样子的？平常的呼吸节奏是比较平稳的，一呼一吸的节奏。如果你现在很生气，呼吸是不是不平稳了？呼吸变得很急促、很短暂，会消耗过多的精力。保持情绪的稳定，可以减少精力的消耗。

情绪管理的详细内容，后面会有单独的一节来说明。

今日笔记

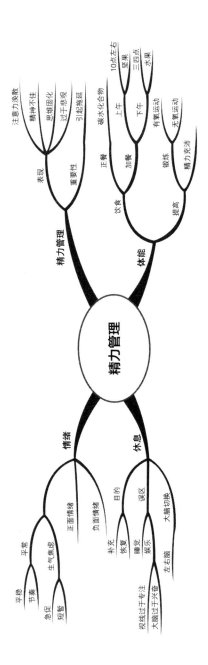

精力管理

精力管理

表现
- 注意力涣散
- 精神不佳
- 思维固化
- 过于悲观
- 引起拖延

重要性

体能

饮食
- 正餐
  - 碳水化合物
- 加餐
  - 上午
    - 10点左右
    - 坚果
  - 下午
    - 三四点
    - 水果

提高
- 锻炼
  - 有氧运动
  - 无氧运动
- 精力充沛

情绪

正面情绪
- 平稳
  - 平常
  - 节奏
    - 急促
    - 短暂
- 生气焦虑

负面情绪

休息

目的
- 补充
  - 恢复
  - 睡觉
  - 娱乐

误区
- 大脑切换
  - 左右脑
  - 视线过于专注
  - 大脑过于兴奋

今日实战

　　1.每隔一小时记录一下自己的状态，找到状态最好的时间段，也就是精力最好的时间段。重要的事可安排在这个时间段内完成。

　　2.统计一下自己精力最好的时间有多长，占一天的百分比是多少，如果少于50%，说明精力是比较差的。

　　3.尝试进行加餐，选择适合在办公室内吃的食物。

　　4.下班坐车回家，提前两站下车，采用快走的方式回家，感受一下精神状态。

　　5.工作时，每隔一小时强制自己休息一段时间。

追求效率才是硬道理

知道了事情怎么做，也知道了精力和注意力如何集中，但有时候你还会因为自己没有想好怎么去做才是更好的，而不愿意开始。就是因为追求完美，产生了拖延。

不要过于追求细节

先来看看你有没有追求完美的心理，看看以下事情在你身上发生了几条：

■ 正在工作中，别人来打扰你，你就会感觉很烦；

■ 工作已经完成，你还会一直想，觉得自己能做得更好；

■ 别人完成一件事，你总觉得没做好，自己还会重新来做一遍。

以上只要存在一点，就说明你有追求完美的心理。当然，并不是说有点强迫症才叫追求完美。

追求完美有它的优点，给人的感觉是任何事情都可以做好，各个细节都可以做得很到位，但缺点就是因为一直在追求细节而造成拖延。

之前我在工作中遇到一位同事，她是做UI设计的。有一次一个活动需要马上上线，其他准备都完成了，但是她一直纠结于两个字体的大小不一致，其实一般人是看不出。可她不这么认为，一直不让上线，非要改完才行。结果第二天活动就要开始了，还没上线。

追求完美的人总是纠结于细枝末节，却根本不考虑整体方向。因为追求完美，过于注重细节，会影响到事情的进展，也就产生了拖延。

具体怎么解决呢？针对简单的事和针对复杂的事，有两种解决办法。

越简单的事，越要速战速决

简单的事就是只需要几个步骤就可以完成的，也就是属于任务类型的、一天之内就可以完成的事。

第一步：区分重点

首先需要明确质量要求，区分重点和非重点。之所以过于注重细节，追求完美，就是因为不清楚重点是什么。

活动马上就要上线了，是按时上线重要，还是两个字体大小一致重要？因为活动都有时间要求，像中秋节活动之类的，要保证中秋这一天零点上线，所以按时上线是非常重要的。明确了这一点，也就不会一直纠结字体大小的问题了。因为字体大小一般不会对顾客造成致命的视觉伤害或体现，并不影响整个活动。

第二步：评估时间

做事之前先评估一下大概需要多长时间，是两个小时，还是八个小时。需要八个小时才能做完的就属于大的任务了，需要再细化，明确每个步骤大体要花多长时间，方便更好地把控（具体见"复杂的事要有适合的计划"）。这里讲的是简单的事，所以只考虑两三个小时能完成的事。

同时，一定要留出缓冲时间。缓冲时间是用来处理突发事件的，而这些突发事件有可能是更重要的事，有可能是在执行过程中发现的困难。

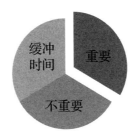

时间卡得太严，遇到一些意外情况，无法按时完成，你就会产生情绪，心态变化了，对待事情的态度也会变化。有了缓冲时间，你就可以很好地解决这一点。

第三步：精力划分

根据事情的重要程度，确定你的注意力应该放在哪儿，精力应该集中在哪一个步骤上。

拿到一个任务后，精力是要放在解决困难问题上，还是执行上？

工作中不同的人负责的内容不一样，各个工种是需要配合的，不必所有事都自己来解决。可以将精力放在自己擅长的领域，减少精力的消耗，也能保证效率和不拖延。

最终的结果是，在规定的时间内，达到任务的质量要求。达到要求后，如果还有时间，再来追求完美。比如在上面的例子中，活动上线都已经准备好了，还有充足的时间，这个时候再调整字体，强调用户的体验，也就是适宜的。

复杂的事要有适合的计划

一件复杂的事，需要分为好多个阶段、好多个步骤，还需要多人配合，耗时也比较长，怎么办？

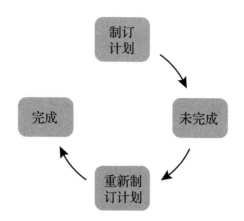

这类事情，很多人会做计划，没有计划，就不知道怎么去做，心里没有底。但实际按计划去执行时，你又会发现很多事务都不在计划内，没有办法按计划执行，又不知道下一步怎么做了。

对于一件复杂的事情，在制订计划的过程中，我们先要明确自己的定位，根据自己的实际情况来确定计划。这样的计划才有真正的可执行性，才不会因为没有办法执行而产生拖延。

接受并克服完美主义

接受不完美

任何事物在不同人眼里都能看到缺点，无法完美到让所有人都满意。所以，只要让和事物相关的大部分人满意即可。

不知道你有没有这样一个经历：当你花了很长时间完成了一件事，觉得自己做得十分完美，应该能得到别人的认同时，结果反而很多人觉得并不太好；当你自己觉得完成得并不好、并不满意时，别人反而会说好。

我就有过类似的经历。我在写文章时，觉得今天的文章写得不理想，反而大家的反馈都很好；有时候我觉得文章不好，改了好多次，到最后我满意了，觉得完美了，结果别人反馈却不好。

所以，遇到任何事情，我们要先接受自己是无法达到完美的，然后审视事情的重点与最终的质量要求，达到这些即可。

认清能力

一定要认清自己的能力，在自己的能力范围内充分发挥全力。

比如，你之前从来没有跑过步，现在想参加全程马拉松，刚开始就要求每天跑十公里，这是不太现实的。

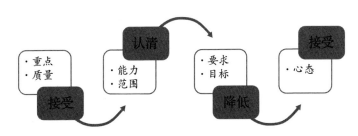

正确的做法是先评估自己的能力，从少开始，每天跑两公里，再慢慢增加，在自己的能力范围之内发挥全力。

降低要求

适当地降低要求，降低自己的目标。

一开始为了完美，你给自己定了过高的目标，结果超出了你的能力范围，执行得也会不顺利。你眼见无法按时完成任务，心理上出现波动，想放弃这个目标，就会拖延。

一篇文章想让所有人都说好，不太现实，其实只要能让80%的人满意就可以了。一年内要完成一次全程马拉松，对于从没参加过的人而言，目标太高，将目标降低为一年内完成一次半程马拉松是更可行的。

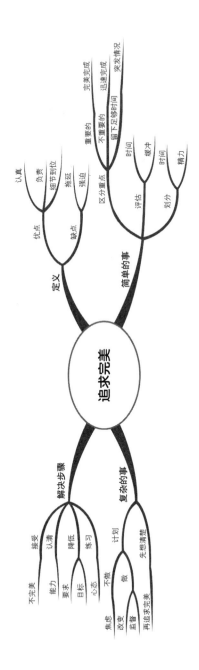

今日笔记

追求完美

定义
　优点
　　认真
　　负责
　　细节到位
　缺点
　　拖延
　　强迫

简单的事
　区分重点
　　重要的
　　　完美完成
　　　迅速完成
　　　突发情况
　　不重要时间
　　　留下足够时间
　评估
　　时间
　　缓冲时间
　划分
　　精力

解决步骤
　接受
　　不完美
　认清
　　能力
　降低
　　要求
　　目标
　练习
　　心态
　计划
　　不做
　　做
　先想清楚
　　焦虑
　　改变
　　监督
　　再追求完美

今日实战

1.选择一件简单的事，限定一个时间，到时间后不再继续，看看结果能否让人满意。

2.将自己定的目标列出来，看看有哪些是超出了自己能力的，将这些目标降低一点，选择去实现小的目标。

第二章

加强自控

失控时，大脑在想些什么

失控和拖延有什么关系呢？拖延是知道自己应该做一件事，但一直不愿意开始，要拖到截止时间快到了才开始；失控是早早开始做这件事，但总是无意识去做一些与之初衷相违背的行为，影响到事情的进度。

要减肥了，常见的拖延是光喊口号，却没有行动；失控是已经开始行动了，明知不能吃高热量的食物，还是忍不住吃蛋糕之类的，以至于减肥效果不明显。

为什么明明知道自己不应该去做，但仍然会出现失控的行为呢？

大脑想太多，不容易做出正确的决定

脑前额叶将所有事分为三类：应该做的事、不应该做的事、选择决定该做哪件事。

要减肥，面前摆着一个蛋糕，你一边想"我不应该吃这个蛋糕，因为我要减肥"，一边想"这个蛋糕很好吃，就吃一小块儿，对减肥并不影响"，最终后一个想法打败了前一个想法，于是有了"吃蛋糕"这个决定，也就是失控了。

想要有强大的自控力，就要让应该做的事控制力增强，把不应该的想法克制住。

要提高自我意识，可以将大脑所想的写下来，减少大脑的思考时间，以便让自己更直接地看到哪些是应该做的、哪些是不应该做的，以及为什么决定这么做。

列今日待办清单，将今天有哪些应该做的事情列出来，还可以将为什么要做这些事明确一下。

今天应该完成一个项目报告，列出来。为什么今天必须完成？因为是领导交代的，比较重要，今天不完成会影响到明天的项目会议。

还可以把不应该做的事也列一下。今天不应该一直玩手机、这段时间不应该吃蛋糕等。

应该做的事

· 项目报告——影响会议

不应该做的事

· 一直玩手机——浪费时间

分别列出来，清空大脑，不需要再经过大脑的思考，大脑想得越多越混乱，写出来跳过大脑区分过程，避免失控。

大脑会让你及时行乐

失控还有一个重要原因，即大脑的"多巴胺奖励系统"。

多巴胺可以将一些未发生的事当成已发生的。一想到柠檬，你是不是就会感觉很酸，嘴里已经开始分泌唾液了？事实是你还没有吃到柠檬，大脑就觉得已经吃到了，这就是多巴胺的作用。

正因为这样，多巴胺很容易让大脑产生及时行乐的想法，也就是即时奖励。和即时奖励对应的就是未来奖励。

面对减肥和蛋糕，你在当下只能想到蛋糕有多好吃，只能感觉到吃完蛋糕后的满足感，而想不到减肥成功后带来的好处，所以迫切地想吃蛋糕，想得到即时奖励，吃完才想到未来奖励，就开始后悔了。

为什么很多人的目标都坚持不下来？就是因为目标是长期的，看不到最后的结果。如果是短期目标，还可以坚持下去。连续几天又运动又节食，体重还是一点变化也没有，很多人就会放弃了。

大脑可能会欺骗你

有时候大脑里想到的，并不一定是身体真实的感受。你要从一个错误的奖励系统中解放出来。

要早起了，闹钟响后，大脑的第一反应肯定不是马上起床，而是觉得身体还很累，要再睡一会儿。真的是这样吗？其实再睡半个小时、一个小时，下次闹钟响了，你还是会想继续睡。身体并不累，那只是即时奖励给你的错觉。下次闹钟响了以后，起来活动活动，你会觉得身体并没有多累。

可以做个监测系统，通过记录想法和感受来看看大脑的想法和身体的感觉有何不同。

面对一件事情，你的第一想法是什么？身体感受是什么？等这件事发生后，你的想法和身体感觉又是什么？记下来，通过对比，你才能真正意识到大脑的想法和身体感受是冲突的。

所以，下次大脑再有任何想法时，不要相信；大脑想的并不一定是真实的，要明确区分。

今 日 笔 记

今日实战

　　1.回顾今天所有做的事，列个清单，区分下哪些是应该做的、哪些是不应该做的，当时的想法是什么。

　　2.感受早晨起床时大脑的想法和身体的感觉，明天起床时区分一下想法和行动。

避免失控的七种方法

在上一节了解了失控的原因，本节学习如何解决。

多点提示，引导自控

先明确哪些事是应该做的、哪些事是不应该做的，还有为什么要这样做。

除了明确区分这三部分，还可以明确一些提示，重点提示自己不应该做的事。

你想减轻对手机的依赖，可以把手机屏幕设置成"玩手机有危害"的图片，或者直接写上"不玩手机"，打开手机就可以看到这些提示，也能想到不应该做这些，而应该做什么了。

想减肥，可以直接在你能看到的任何地方，都摆一张理想中身材的照片，加强视觉刺激，提示自己不应该做对减肥无用的事。

找到替代事物，减少失控

明确了提示，知道了不应该做什么事，接下来面对的就是不知道该怎么做的情况。

看到手机提示，知道自己不应该继续玩手机了，那不玩手机能做什么？不知道可以做什么，过不了多长时间就又会玩手机了。

所以需要提前想好，在不玩手机的情况下可以做什么，看到提示直接就可以去做。不能玩手机了，可以翻几页杂志……有事情可做，就能减少玩手机的冲动。

不要压抑自己

大脑很奇怪，你越强迫自己不想什么事，满脑子越会想这件事。

如果你对此有异议，不妨先来做一个实验。先观察一本书的封面颜色，闭上眼睛，提醒自己不要去想封面颜色。过几秒看看，是不是越提醒，反而越想？

一时闲下来了，你越提醒自己不要玩手机，大脑里越会一直出现玩手机的画面；要减肥了，你看到蛋糕，越提醒自己不能吃，反而脑子里越是想好吃的蛋糕。

所以，面对诱惑时，不要一直压抑自己，越压抑，反而越容易失控。这个时候可以转移注意力，将注意力从手机和蛋糕身上转移开，去想想别的。

如果实在控制不住自己，就不要控制了，想去玩就去玩，想去吃就去吃吧。等玩了一会儿、吃了一些时，就会开始后悔，自己不应该这么做的，这时再去做应该做的事，反而动力会更大。

做事不要急，要三思而后行

不要盲目相信大脑的想法，有了想法后，不要马上去做，要三思而后行。

现在大脑告诉你要吃蛋糕，不要马上执行，过1分钟再来执行。你会发现，经常是1分钟后，你就不那么想吃了。

打破常规，强迫大脑判断

在日常生活中，要减少失控的风险，需要刻意打破常规，强迫大脑进行判断。

在进行常规行为，如吃饭时，大脑是不会思考判断的，直接就用了惯用的手，也就是没有经过三思而后行，现在就要练习这个过程。

大部分人是习惯用右手的，下次再想用右手时，思考一下，改用左手来进行。

设置诱惑，减少失控

这是通过故意设置诱惑来练习自己的抗诱惑能力。

比如，你正在减肥，可以专门跑到蛋糕店里去看各式各样蛋糕，看看能不能控制住自己不买。又如你经常玩手机，可以和朋友一起打赌，把手机放一边，谁先控制不住去拿手机，谁就请客。专门针对各式各样的诱惑，有意识地去练习对抗，下次再遇到诱惑，也可以减少失控的情况。

控制呼吸，缓解情绪

为什么要控制呼吸？因为人在生气的情况下是最容易失控的，而控制呼吸可以让人们的情绪得到缓解，从而减少失控的次数。

当你生气时，呼吸会很急促，放慢呼吸节奏，情绪就能渐渐平静下来。平静下来后再去做事情，效果完全不一样。

所以，平常刻意地把自己的呼吸节奏放慢一些，也可以加强自控。

今 日 笔 记

今日实战

1.将手机和电脑桌面替换成有标语的，提醒自己要自控，不能浪费时间。

2.挖掘一下自己的兴趣，看有没有能替代玩手机的活动，像画画、做手工等。

3.偶尔放纵一次，什么事也不做，就是玩手机、打游戏，直到自己不想继续了。感受一下自己是兴奋还是失落。

4.开始用左手吃饭，感觉大脑的思考过程。

5.尝试放慢自己的呼吸，看看有何感觉。

减少周围的人对自控的负面影响

自控失效，大部分是在无意识中发生的，而这些无意识是因为受到了周围人和环境的影响。

本来想学习，可周围的人都在打游戏，你也会不自觉地玩游戏；本来想学习，可手机总是提醒有新消息，你也会不自觉地打开来看看。如果周围的人都在认真学习，手机都关机了，没有任何打扰，这种环境下你也能学习得久一些。这也就是很多人喜欢图书馆氛围的原因。

本节先解决周围人的影响，下节再解决环境的影响。

出于想被认同，自控失效

为什么周围的人会对你的自控产生影响？因为人在心理上都不愿意特殊化，都想和周围的人保持一致。

十字路口红灯亮了，你是会遵守交通规则，一直等到绿灯再走，还是会闯红灯？只有你一个人的情况下，你多半还是能控制住自己，一直等到绿灯再走的。但当有很多人时，特别是很多人都在闯红灯时，你可能就会不管是不是红灯，直接跟着这些人走了。这时你会想很多：别人都在闯红灯，就自己不闯，别人会不会觉得我傻啊？为了不让别人觉得自己傻，你就会失控，开始闯红灯。

现在可以回想一下：日常生活中你有哪些事情是因为不想让自己显得特殊，想和周围的人保持一致而去做的。

目标是会传染的

想被认同的同时，目标也会相互传染。目标传染是指把别人的目标转变为自己的目标。

想一想，上学时选择专业，毕业后选择工作，是完全你自己做的选择，还是受到了周围的人的影响？大部分人会听从父母的意见。父母会跟你说这个专业好，发展前景好。本来你有自己想选择的专业，但听了他们的话，也会重新考虑。

这其实就是将父母的目标转变成了自己的目标，父母的目标是让你去学这个专业，去做这方面的工作。受他们的影响，你也把它当成自己的目标。

一个男生喜欢上了一个女生，男生的学习成绩比较差，女生的学习成绩比较好。男生追求女生，女生为了拒绝，就借口说只要能和她考上同一所大学，她就答应。这个男生真的开始努力学习，最终两个人还真的进入了同一所大学。

镜像神经元影响感觉

为什么你这么容易受到周围的人的影响？这里是有科学依据的。大脑中有一个神经元叫作镜像神经元，在它的作用下，你就会把别人的一些行为、感觉当成自己的。

当你看到别人的手指被割破了，你的手指是不是也会感觉到疼？如果感到疼，就是镜像神经元在起作用，看到别人的手被割破了，大脑就开始想象别人的感觉，这个感觉就会通过神经元传达给你的身体，结果就是你的手指也会感觉到疼，就像照镜子一样，把别人的感觉复制到了你的身上。

因为镜像神经元的存在，所以你的一些想法很容易受到别人的影响，自控就会失效。

想要减肥，如果你周围的人都爱运动，吃得比较健康，你也会感觉到这样的生活方式是不错的，也想效仿；如果你周围的人都不爱运动，胡吃海喝，你觉得自己还能坚持多久？

寻找强者，回避弱者

怎么减少周围的人对自控的影响。

强者刺激法

找一个好的榜样，只要这个人身上有你觉得优秀的地方、值得你学习的地方就可以，然后模仿他这些地方即可。

想要升职加薪，实在不知道该怎么做，可以观察一下你现在的部门领导，看他哪些地方做得比较好，遇到困难的事情是怎么处理的。你遇到困难的事情时，就先模仿他，他怎么做，你也怎么做。

多接触值得自己学习的人，让他们来刺激自己保持自控。

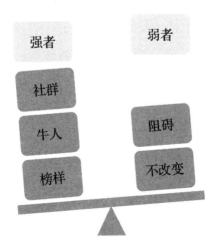

回避弱者，减少与可能会减弱你的自控力的人接触

想要减肥，减少聚会，多接触喜欢运动的人。

现实中不容易找到这样的人，可以上网找，加入网上一些运动打卡的社群。虽然都没见过面，但大家的目的是一样的。

想要解决拖延，就可以加入解决拖延的社群，小组里有人互相监督，有人分享经验，这些都会潜移默化地影响到你的行为方式。

今 日 笔 记

今日实战

1.观察一下自己的日常行为，弄清有哪些是看别人做你也去做的，是从谁身上学来的。

2.观察一下自己跟谁在一起时容易放纵，跟谁在一起会感到有压力，跟谁在一起会感觉很放松。

3.删除10位微信好友。删除的过程也是回想这些人对自己的影响的过程。

减少环境对自控的负面影响

环境和人的影响是一样的，环境还更直接一些。正在减肥的你，面前摆个蛋糕，看到就会有想吃的想法；面前没有，也就不会有这个想法了。

减少环境对自控的负面影响，主要有提高执行成本和物理隔绝两个方法。

改造环境，提高执行成本

提高执行成本，就是将环境进行改造，让自己不容易看到、拿到会让自己失控的事物。

蛋糕摆在眼前，失控的概率很大。现在把蛋糕放到冰箱里，想吃还需要走到厨房，打开冰箱才能吃到，有时候因为懒得走，也就不吃了。执行成本继续增加，家里根本就没有蛋糕，想吃必须到蛋糕店去买，但蛋糕店又离得很远，这样一个环境下，你还会不会想吃？还是想吃，准备去买，现在外面下着大暴雨，还会去买吗？到这个时候，大部分人会放弃吃蛋糕的想法，也就能控制住自己了，减肥的行动也能保持了。

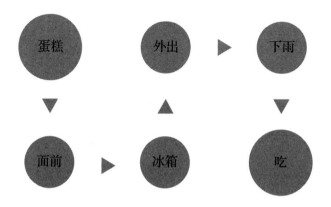

这就是说，不同的执行成本，执行的结果也不一样。

这也就是为什么想要早起，闹钟一定不要放到伸手就能够着的地方。伸手就能够着，闹钟一响，肯定是一伸手就把它关了，然后大部分人肯定继续睡，早起失败。如果把闹钟放到必须下床走一段距离才能拿到的地方，这样的执行成本比伸手就能够着高多了。不关一直响，关又必须起床，起床走动走动，就有时间去想清楚到底要不要起床了，也就是之前说到的"三思而后行"，这样早起就会成功，自控也成功了。

下定决心，实行物理隔绝

所谓物理隔绝，是指直接把可能会对你产生影响的诱惑从你的眼前拿走，放到别的地方，从此再也看不到。

很多人说自己一年也看不了几本书，看书很慢，这是因为他在看书的过程中老想玩手机，手机就摆在面前，肯定会随手拿起来玩。

如果是在一个没有手机的环境呢？为什么坐飞机必须关机时，看书的速度就快了？同样的道理，下次想好好看书、认真做事时，试着把手机关机。

还有很多人说自己是"月光族"，每个月总是攒不下多少钱，那试着做物理隔绝。之前的习惯是拿到工资后先花，剩下多少就攒多少，现在改成先攒，剩下的才是花的。

现在每月工资是5000元，可以拿出2000元做基金定投之类的理财，每月定时从银行卡上自动转走，还不容易取出。剩下的3000元随便花，哪怕都花完也不怕，因为已经攒下2000元了。这样就可以强制自己攒下钱来了。

物理隔绝一定要看你的决心到底有多大，决心不够大，效果也不会大。

今日实战

1.尝试将手机关机一小时，感受时间的流逝。

2.请把闹钟放到远离床的地方，必须下床才能关闭。

解决手机依赖症

现在大部分人每天都离不开手机，除了正常的使用，不管有没有事总想看一看手机，最明显的结果就是浪费时间。最后，由于时间紧张，好多事情都会拖延。控制不住地看手机，也是失控的表现。

为什么会有手机依赖症

为什么会出现手机依赖症？主要有三个原因。

原因一：害怕错过重要信息，追求确定性

人们比较喜欢追求确定性，不喜欢未知的事，体现在手机依赖上就是害怕自己会错过一些信息，担心错过后会给自己带来麻烦。

像公司微信群里领导布置的任务，有人会担心自己没有及时回复给领导留下不好的印象等。

如果你真的很害怕错过信息，建议你把微信名改成一个说明，说明一下当前自己的情况，后面再加上电话，像"工作

中，有事电话……"。这样，别人也能知道你不会马上回复，真的有特别紧急、重要的事，就会给你打电话。

原因二：通过分享来获得别人的尊重

今天去了一家好的餐厅，每道菜拍照，让别人知道自己吃得好；今天买了本新书，拍照发一下，让别人知道自己是爱学习的人，但这本书买回来就再也没翻过了；今天公司搞年会了，朋友圈里开始直播，让别人知道自己的公司实力有多强。

发了这些，你就希望有人来点赞；有人点赞了，你就会有满足心理；没人点赞，你就会觉得自己不受重视，就会时不时地刷手机，等着别人来点赞。

原因三：玩手机是最好的休息放松

工作累了，就想玩玩手机，翻翻新闻，看看视频，打打游戏，觉得做这些就是很好的休息。这就又回到了之前在说精力管理中休息时的注意事项了，休息一定要让眼睛和大脑充分放松。玩手机，屏幕小，会让眼睛更累，并不是很好的休息方式。

如何戒掉手机依赖症

根据以上三个原因，怎么减少手机依赖，避免不看手机而引发的焦虑呢？

提供确定性：减少信息来源，提供规律时间

除了刚才说的对微信名进行修改，还可以在微信、QQ等可以设置签名的地方再详细说明一下，说明自己在什么时间段内是不会回复的。同时，在回复每个人的信息时，再次说明一下自己的回复时间，目的就是让身边所有的人都知道你的作息规律。

像我现在只在上午11点半之后、下午5点到6点进行集中回复，其他情况下不会回复。不用回复，也就不需要一直拿着手机了。

同时，尽量减少不必要的社交活动。有人觉得认识的人越多越好，所以会去参加各种各样的活动，认识个人就加个微信。微信好友越来越多，真正交流的却没多少。

有时，好久不联系的人突然给你发个信息，让你帮忙解决个问题。其实你都记不得这人是谁，在什么场合认识的，可又不好意思拒绝他，只能花时间帮他解决问题了。微信上谈事情来来回回好长时间，问题解决了之后又没啥联系了。

减少微信好友，也能够减少手机上的无用信息，没有信息了，也能少看一会儿手机。

提高成本：想玩手机，拿到不容易

老是控制不住自己去玩手机，就可以把你的手机放到一个很难拿到的地方，不要放到面前、伸手就能够着的地方。可以放到一个柜子上面，想要看手机，必须拿来凳子，踩到凳子上才能拿到手机。铃声一响，拿手机太麻烦了，等一会儿再看吧，这样也会减少看手机的时间。

同时，建议把手机上所有自动接收的消息全关掉。像微信新信息提醒、淘宝提醒，关掉这些提醒，也能减少看手机的频率。

还有各类App的登录账号、密码，不要默认记住，每次登录时都需要手动输入，这样也能减少登录的次数。微信来了条新消息，现在是直接点开微信就能看到，顶多扫个指纹，很容易。要是看个微信，需要重新输入密码，不仔细的话输错还得重来，更麻烦了。省得麻烦，那就固定个时间集中查看并回复吧，输入一次就行了。

限定时间：活用手机闹钟，加大心理压力

用手机进行娱乐活动，经常是计划看半小时，结果是看了还想看，一个多小时就过去了。为了减少这种情况，可以在开始之前给自己设置个闹钟。

计划看半小时，开始看前用手机自带的闹钟设置一下，半小时后闹钟就响了，提醒你时间到了，不能再看了。刚开始可以多设置几个闹钟，过一分钟提醒一次，一直提醒你，心理上会有一点压力，也就不会继续看手机了。

手机真的是影响时间管理、造成拖延的一件事物，可以试试没有手机的情况，你会发现自己的效率会很高。

今日笔记

手机依赖

原因
- 追求确定性
  - 错过信息
  - 漏掉信息
- 获得尊重
  - 分享信息
- 休息放松
  - 娱乐

提供确定性
- 让别人知道
  - 备注注意事项
- 减少社交

限制
- 娱乐
  - 闹钟限定时间
  - 重新输入密码
- 老人机

提高用手机的成本
- 委托别人把手机锁起来
- 放在很难拿到的地方

今日实战

1.尝试收到消息一小时后再回复。

2.将手机所有的消息提醒全部关闭或静音，只留电话铃声。

3.下班回家后，将手机放到不易拿到的地方或交给家人保管。

4.开始玩手机前，给自己定个闹钟，只玩半小时。

做好情绪管理

当情绪波动时，自控力也会受到影响。想想你生气的时候，是不是会控制不住自己去做些冲动的事？想要提高自控力，就得学会管理好情绪。

没有好的情绪，哪有好的自控

情绪不好，一般会对自控有三个方面的负面影响。

首先，在情绪非常低落时，你更加容易受到外界的诱惑，失控的概率就会变得非常大。

减肥又是注意饮食，又是运动，好不容易坚持了一段时间，体重一点也没减少。遇到这种情况，大部分人就会情绪低落，感觉自己付出了这么多，结果却没什么效果。这个时候，眼前有一个蛋糕，肯定会很容易就去吃。减了半天一点用也没有，干吗还减，先吃了再说吧。

回想一下，当你情绪非常低落时，你最想做什么？吃东西？摔东西？骂人？这些都是诱惑，不控制住就容易失控。

其次，情绪上的罪恶感会引发持续的失控。

正在减肥的你，有一天实在忍不住，吃了一块蛋糕。吃完后，你就会产生罪恶感，然后开始进行自我批评，自我批评的同时积极性就会降低，就总觉得自己自控力太差了，改不了。慢慢地，你就会觉得反正都控制不了了，那还不如不控制呢，最终的结果就是失控。

遇到偶尔一次的失控，不要一直批评自己，先回顾一下自己已经取得的成绩。已经坚持一个多月了，自己的自控力还是非常强的。

减少罪恶感，增强自信，也是情绪上要调节的。

最后，压力太大，大部分人也会失控。当你面对很大的压力时，你是越积极，还是反而想放弃？有人说有压力才有动力，现实却是压力越大，越容易放弃。

想想有多少事情你是因为压力大，觉得自己做不好，而不愿意开始的；又有多少事你是觉得自己反正做不好，就随便做做的。

思想+身体感觉，才叫情绪

想要更好地进行情绪管理，先来了解下情绪产生的原因。

到底什么叫作情绪？有人说情绪是思想上的体现，有人说情绪是肢体上的体现。严格来说，思想+身体感觉，才叫情绪。

想想你生气的时候是什么情形，是不是除了思想上在想让你生气的事，身体上也有相应的反应，像双手紧握？

先来说思想。思想在情绪上的表现又可以分为短暂体验和长期存在两种情况。

短暂体验，这种情绪来得快，去得也快。比如正在马路上走着，突然身后一辆车大声按喇叭，因为不清楚状况，大部分人会被吓一跳，等车过去了，知道了原因，情绪也就过去了，就那么几秒。

长期存在就是一直存在。比如"一朝被蛇咬，十年怕井绳"。有的人被咬一次以后，一直存在着对蛇的恐惧，可能一辈子都无法摆脱，只要看到和蛇差不多的东西就害怕。

再来说身体感觉。一旦有了情绪，身体上都会有对应的体现。很紧张的时候，手会紧握，呼吸会乱，声音会慌乱；放松和愉悦的时候，声音会很大，嘴角会上扬。这些都是情绪的外在体现。

情绪是从思想上和身体上体现出来的，要进行情绪管理，也要从这两方面入手。

身体感受到的情绪无须管理

首先是身体上的感受，没有经过大脑的思考，情绪就产生了，这是最直接的身体反应。

像上文提到的，身后的车喇叭响了，你受到了惊吓，这类情绪是不需要管理的。这是生理上的自然反应，管也没有什么意义，并不会带来什么坏处，而且时间也短，再花时间去管理并无效果。

除非因为这一吓，你有了心病，那就需要从思想上来管理了。

不同的解读，带来不同的情绪

思想上的情绪，都是由人们对事物的不同解读所引起的，大部分情绪都属于这种。同一个事物，不同的人会有不同的情绪，同一个人在不同的时间、不同的地点也会有不同的情绪。这种情绪怎么管理呢？

首先，需要改变解读角度，换个角度来看，也就没那么生气了。

刚走进办公室，看到几位同事在窃窃私语，但你一进来他们就不说了，这种情况下你会怎么解读？有人会觉得他们在背地里说自己坏话，就很生气；有人觉得他们在说一些自己的秘密，不想被别人听到，也就无所谓了。

在不同的解读下，你的情绪就会不一样。想要改变情绪，就要改变解读的过程。

其次，转移注意力。

如果现在感觉很生气，就要把注意力从这件让你生气的事情上转移到其他你感兴趣的事情上。转移后，你的情绪就会得到缓解。

老板现在骂你了，你觉得很生气，但是你怎么改变思考角度也改变不了这种情绪，那就转移你的注意力，把你的注意力放在你感兴趣的事情上，就能够缓解你生气的情绪。

最后，适度宣泄。

一直压抑情绪，时间长了情绪会爆发。如果你经常莫名其妙地生气，这多半是因为平常生气时没有进行很好的管理，情绪积压的时间久了，需要宣泄。

如果前面两个方法都无法让你的情绪得以平复，那就把它宣泄出来，千万不要过分压抑情绪。找个能让你得到宣泄的方法，哪怕是骂人也可以，只要能让自己觉得舒服就可以。

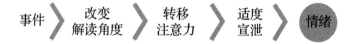

通过记日记来管理情绪

多写写感恩日记、成功日记。

感恩日记就是回想别人对自己的帮助，感谢一下别人。

今天同事帮我领快递啦，今天同事帮我付饭钱啦，今天一个陌生人冲我微笑了……记录这些，你会发现，其实每一天别人都在关注着你。这样的世界，还有什么让人不开心的呢？

成功日记是列一下自己做得不错的事情，不要老说自己不行，要增强自信。

今天比昨天早起了5分钟，今天比昨天上班提前了5分钟，今天老板夸了自己，等等。只要是你做出的改变，都算你成功的地方。多写写，也就会发现自己并不是一直失败的。

这些不需要花太多时间，每天花5分钟来写一写，感恩一下他人，认可一下自己，你的情绪状态也会有很大的改变。

今日实战

1.找一个可以宣泄自己情绪的方法，将心中的不快发泄出来。

2.找一些能够让自己感到快乐的事，把它们写下来，时不时看看，保持快乐的情绪。

3.回想一下：自己上次生气是为了什么事？这件事到现在进展如何？现在想起来还会生气吗？尝试换一个角度来分析。

4.连续一周写成功日记和感恩日记，体会下自己的情绪有没有变化。

培养目标感，明确方向

为什么要培养目标感？来想想你的目标有多少是制定后就一直拖着不去做的？

列目标是比较容易的，找个独处时间，好好跟自己沟通一下，也能列出那么几条来。目标列出来了，最重要的是如何把这些目标坚持执行下去。

如何能够促使目标的达成？需要培养目标感。每天都能想到、看到自己的目标，就会有"不能再拖了，得督促自己早点开始做了"的想法。有了想法，才能有行动。

如何培养目标感？可以按以下三个方法进行。

增强实现目标的动力

请拿出一张纸，在纸上画四个格，在每个格里填写：这个目标实现了以后会发生什么？这个目标实现了以后不会发生什么？这个目标没有实现会发生什么？这个目标没有实现不会发生什么？

	会发生	不会发生
实现		
未实现		

你要跑步减肥，这个目标实现了以后会发生什么？身体会变得更加健康，身材也变得更好了，你会得到很多人的夸赞；你的精神状态也会很好，你会更有自信。

那这个目标实现了以后不会发生哪些？不会再有人说三道四，说你太能吃了；你不会跑两步身体就受不了了。

这个目标没有实现又会发生什么？就是你现在面临的问题，一般和实现了以后的是相对应的。减肥失败后，身体素质差，会让人看不起。

最后看下目标没有实现不会发生什么。没有实现就是过一年你仍然是现在的你，不会发生任何改变。

通过这四个方面的描述，你就更加明白，到底为什么要实现这样一个目标了。实现目标的原因确定了，也就有动力了，这样你才能坚持下去。

让目标图像化

图像化是把目标最终要达到的结果用图像的形式表现出

来。因为用文字来表达，首先需要经过理解，然后才能在大脑中转化成图像，形成刺激，不够直接；而用图像，不需要理解，直接看到就知道自己要的是什么，更容易刺激到自己。

图像不是随便找一张差不多的图片就行的，一定要找具体明确的、直接能够表达目标的。比如你想买辆车，不能只是找这辆车的品牌图，而要把自己想要的车的车型、颜色等都在图片上表达出来。只有让目标明确、具体化，你才有实现目标的动力。

图片的摆放位置也需要注意。建议把图片打印出来，摆放到每天都能看到的地方，比如床头柜或书桌之类的。保证自己每天都能看到，每天都能提醒自己目标是什么。

除了纸质版的，还有电子版的。建议把它设置成自己的手机壁纸和电脑壁纸，因为这两个电子设备基本上大多数人每天都会接触，每天都能看到。

每天都能看到这些东西，每天都在提醒你，你的目标感就会增强。这样时刻提醒自己，你就能坚持下去。

固定时间回顾，提醒目标进度

除了通过图像来加深对目标的印象，你还要不断地提醒自己不要偏离方向。建议给自己设置固定时间，到了这个时间就回顾一下。

这个时间可以设置为每周、每个月、每个季度或每半年。固定每周周日的下午用半个小时回顾本周目标的执行情况，每个月的月底回顾这个月的执行情况，每个季度结束的时候回顾本季度的执行情况，过了半年整体回顾这半年的执行情况。

这样在固定的时间点进行回顾，也能够提醒你坚持下去。同时，你也可以根据执行的结果，调整下一阶段的行动计划。

确定了固定的时间后，可以在日历上标出来，到时间进行提醒。但是这个周期可能有点儿太长，怎么才能够时刻提醒你呢？可以用记晨间日记的方法。

每天早晨花5~10分钟时间，写写自己的最终目标是什么，为了实现目标今天应该做些什么。写的过程也是提醒自己的过程，不要怕麻烦。

不断地提醒，不断地加深印象，同时不断地总结，你就能时刻牢记目标了，你的目标感也就加强了。目标感强了，目标才能坚持下去，目标实现的概率才大。

今 日 笔 记

情绪管理
加强自控

思想+身体感觉=情绪

情绪影响自控

思想
身体感觉
　短暂
　长期　一朝被蛇咬，十年怕井绳
　　怒发冲冠

情绪低落
容易受到诱惑
自我批评　降低自控力
自我谅解　承担责任
　　　　　提升自控力

罪恶感

压力
激发奖励系统　购物
　　　　　　　上网
　　　　　　　玩乐

写日记
　感恩日记
　成功日记

管理

身体　不需要管理
　改变解读
　转移注意力　感兴趣的事
　　　　　　　过分压抑　加重

思想　速度冒进

今日实战

1.选择一个你的目标，按下列表格填写，看你是否有动力去坚持。

2.请将刚才的目标图像化，搜索一张对应的图片，设置为手机壁纸。

3.如目标过大，请进行拆解，至少拆解到每周。过一周后来回顾执行情况，写明没有完成的原因，并提出下周的改进意见。

	会发生	不会发生
实现		
未实现		

第三章

培养习惯

培养习惯靠方法，不靠毅力

习惯和自控有什么关系？

你有多少次想早起，可还是习惯性地赖床？想去阅读，却还是习惯性地玩手机？人一生的行为，超过80%都是由习惯支配的。好的习惯可以助你自控，而坏的习惯会阻碍你的自控。所以，想要自控，需要培养好的习惯，改掉坏的习惯。

培养一个习惯，是靠毅力还是靠方法呢？毅力确实很重要，任何事情，只要你坚持下去，就能成功，但如果方法和方向错误，再怎么坚持，结果也不会很好。一个好的方法、好的技巧，能够更有效地助你达到想要的效果。

要掌握习惯养成的方法技巧，首先要明白习惯养成的原理是什么。

大脑会偷懒，所以形成习惯

科学家为了弄明白大脑是如何形成习惯的，做了老鼠走迷宫的实验。他们把老鼠放到迷宫入口，再在迷宫中放上奶酪。刚开始，老鼠闻到香味，就开始在迷宫里乱窜，到处找食物。

这个时候老鼠的大脑是非常活跃的，因为要决定向左走还是向右走。

同样的迷宫，同样的位置，走得多了，老鼠再次去寻找奶酪时，不会再乱窜，而是沿固定的路线走，很快就能找到奶酪。这种情况下，老鼠的大脑不会那么活跃了，思考变少了，因为不需要再决定走哪边，直接就知道下一步该怎么走了。

同样，你现在每天上班的路线是什么样的？如果你已经在公司待了一段时间了，每天的上班路线多半是固定的，你就已经养成习惯了，下了车就知道该向左走还是向右走。

为什么会形成这样一个结果？最主要的原因是大脑在偷懒。人的大脑每时每刻都需要思考很多东西，也是很累的，为了省力，就会想办法偷懒。大脑会把一些常发生的行为模式存储下来，下次直接调用就可以了，不需要再思考。

习惯形成的过程

习惯形成的过程由三部分组成。

提示

提示你该去做什么事了。老鼠闻到香味，就知道该去找食物了；你下了车，就知道往左走能到公司。大部分的行为动作都是接收到了这些提示才去做的。

执行固定的行为动作

闹钟响了，就是该起床，而不是继续睡；来任务了，就该马上去做，而不是拖着不做；吃完饭了，就该多走走，而不是一直坐着。这里强调的是固定的行为动作。很多人在习惯培养时会失败，就是因为每次的行为动作不固定，经常变。闹钟响了，今天是继续睡，明天是躺着看书，后天是刷手机，这样不利于习惯的养成，应该固定一种，如下床洗脸就比较合适。

奖赏

做完固定的行为动作，就应该得到一些奖赏。有奖赏才能刺激大脑把这些东西记住。玩游戏每次玩完能看到积分的增加，就会感觉满足，还想一直玩；闹钟响了起床后，没有任何收获，只感觉到困，那还坚持什么，很容易就放弃了。

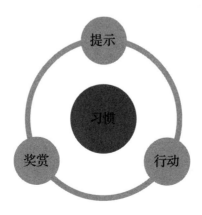

今日笔记

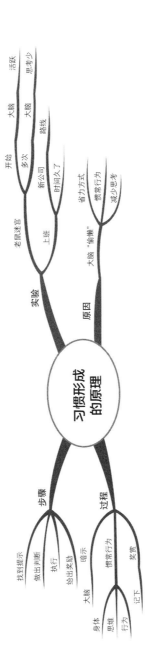

习惯形成的原理

实验
　老鼠迷宫
　上班
　　开始
　　多次　大脑
　　　　　大脑　活跃
　　　　　　　　思考少
　　　路线
　新公司
　时间久了

原因
大脑"偷懒"
　省力方式
　惯常行为
　减少思考

步骤
　找到提示
　做出判断
　执行
　暗示
　　大脑
　给出奖励

过程
　惯常行为
　　身体
　　思维
　　行为
　奖赏
　　记下

今日实战

　　1.记录一下你现在的习惯有哪些，区分哪些是好习惯、哪些是坏习惯。

　　2.回想下每次习惯发生时的提示是什么，在什么情况下会做出这些习惯行为。

　　3.这些习惯分别给你带来了哪些结果？

习惯养成的方法步骤

本节将详细介绍习惯养成每个步骤的具体操作，以及注意的事项，最后提供一个模板。按照模板来填写，可以细化每个步骤，快速养成一个新习惯。

习惯养成的步骤

步骤一：找到提示

提示是让你的大脑知道该去做什么了。找提示需要注意一些原则。

提示一定要简单明显，最好看到这个东西，大脑就知道该做什么了，不需要再经过思考。这也就提醒我们，不同的习惯需要有不同的提示。如果不同的习惯用的是同一个提示，那看到这个提示，大脑就分不清到底该做什么，这样就乱了。

提示最好是实物的，是能真真实实看见的，不要光靠大脑幻想。

提示一般分为五大类，分别是时间、地点、情绪、人物，还有上一个动作。

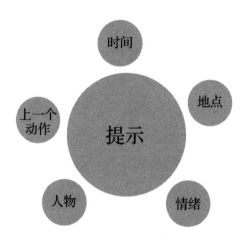

时间是提示到了什么时候该做什么事情。早上6点就是该起床了，中午12点就是该吃午饭了，晚上11点就是该睡觉了。

地点是提示到了什么地方该做什么事情。到了公司就是该开始忙碌了，到了书房就是该阅读学习了，到了客厅就是该陪家人看电视聊天了，到了卧室就是该睡觉了。

不同的情绪状态下也会有不同的习惯。有的人压力大时，就会控制不住自己去吃东西；有的人生气时，就想摔东西。

人物的提示是指不同的人会引发不同的习惯。为什么很多人和小孩说话时语气就会很温柔和蔼，看到不喜欢的人就会很烦，不管他做什么都会觉得讨厌？这就是思维对不同的人产生的不同的应对习惯。

最后一个是上一个动作。人的行为都是由习惯驱使的，很多行为习惯是在特定的上一个动作后产生的。比如上厕所看手机是个不好的习惯。很多人一坐到马桶上，就总想找点东西来看，看手机这个习惯就是坐下这个动作引起的。

要培养一个新的习惯，需要从上述五个方面找出一个能够提醒你去执行这个习惯的实物。

比如想要早起，最好就是设置闹钟，根据时间来提醒；想要培养早睡习惯，可以根据地点来提醒，进了卧室就是要睡觉了。刚开始培养新习惯，可以变化提示，不断地试验，看看哪种提示能够带来最好的效果，一旦稳定以后，就不要再变化了。

步骤二：做出判断

刚开始培养习惯，需要有一定的仪式感。看到提示，不要马上执行，先等待10秒钟，问自己三个问题：我应该做什么？我不应该做什么？我为什么要这么做？回答这三个问题，能够让你做出更好的决定。

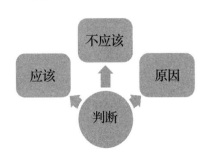

为什么很多人在闹钟响了以后还继续睡？因为闹钟响了以后，他们首先想到的是自己太累、太困了，应该再睡一会儿。下次闹钟响了，不管大脑有多想继续睡，不要马上去做，先回答这三个问题。闹钟响了，我应该起床了，我不应该继续睡了。为什么要起床？因为我要培养早起的习惯，早上我要去学习，去做早餐，要给自己带来一些改变。

大部分情况下，经过这三个问题的思考，你就能做出正确的判断和决定了。

步骤三：执行固定的行动

刚开始培养新习惯，行为动作一定是简单的、很容易就能做到的，不要有太大的压力。

比如培养跑步的习惯，你以前从来没有跑过，那么刚开始就应该从强度低的，比如快走一公里开始。不要一开始就给自己定一个跑十公里的目标。光看到十公里你就会觉得很有压力，会觉得做不到，也就很容易放弃了。

而且这些行为动作一定要固定不变，达到流程化。

早上闹钟响了，固定流程就是下床、洗漱、喝水三步，每天都一样。不要今天是下床洗漱，明天是躺在床上看书，后天又成了在床上玩手机。行为动作经常变化，大脑就会觉得这不是一个习惯，不需要存储下来，习惯养成也就失败了。

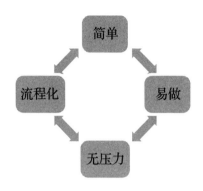

步骤四：给予奖励

奖励一定要是清晰明确的。刚开始培养新习惯，最好是直接给予实物奖励。

这个奖励最好是对自己来说吸引力比较大的。比如，爱吃的人就奖励自己吃一顿好吃的。

奖励要实物的，不要是大脑幻想的、看不到的东西，只靠幻想也很容易失败。而且这个奖励是需要过一段时间就变化一下的。如果一直是同一个奖励，时间长了，吸引力也会降低，所以需要采用阶段性的奖励来持续地刺激大脑。这一阶段是慰劳自己好吃的；坚持了一星期，就换成给自己买一身漂亮的衣服，或者其他自己一直想要的东西；坚持了一个月以后，再换别的奖励。

如果说各类奖励对你吸引力都不大，那么就把奖励换成处罚。今天你起来了，我给你10元钱对你吸引力不大，那就换成今天你不起来，你给我10元钱，这样你就会有心疼的感觉，为了不给我钱，你就能激励自己起床了。

习惯养成的模板

模板的填写共分三个阶段，需要连续记录三周。第一周是第一个阶段，用来确认提示；第二周是第二个阶段，用来确认行为动作；第三周是第三个阶段，用来确认奖励。

培养一个新的习惯，一开始需要通过记录来实现，只有记录下来，才能真真切切地看到自己的问题和进步。

第一周：你想到的提示是什么

要早起，定了6点的闹钟，第一天闹钟响了对你有没有用？没有用，因为你根本就没听到闹钟的声音，那第二天想把它调整为什么？调整为每隔一分钟响一次，6点01分一次，6点02分再来一次，多定几个。第二天再看看这样的提示有没有用。

如果还没用就继续调整，可以调整为让父母叫自己起床。经过不断调整，最后总能确认一个对自己有用的提示。

第二周：接收到提示后，做出判断

闹钟响了以后，先问自己这三个问题：应该做什么？不应该做什么？为什么？每次都要把这三个问题列出来。

接着是执行行为动作。第一天的行为步骤是什么？这个步骤执行起来是不是容易？有没有失败？如果失败了，准备怎么调整？第二天根据调整的情况来进行，持续一个星期。

第三周：确认奖励对你来说有没有吸引力

第一天给自己的奖励是什么？吸引力大不大？不大，就继续调整，同样持续调整一周。

同时在这三周里还需要记录自己的感受，看一下你的情绪、身体，还有大脑的感受分别是什么。

闹钟响了，今天没起来，你很生气、很失望，还是什么？身体上的感受是很累、很困，还是轻松舒畅？大脑的感受是觉得很困难，想放弃，还是想继续坚持？

每天都记录自己的感受。一般随着一个习惯的逐步养成，这些感受也会发生变化。一开始你可能是很失望的，之后逐步变得很兴奋，当你一直处于兴奋的状态时，这个习惯也就养成了。

培养新习惯记录表

第一阶段 确认提示

阶段	天数	提示			行动	奖励	感受		
		提示实物	是否有用	调整	行动	实物奖励	情绪	身体感受	大脑感受
第一阶段 确认提示	第一天								
	第二天								
	第三天								
	第四天								
	第五天								
	第六天								
	第七天								

第二阶段 确认行为模式

阶段	天数	提示	判断			行动			奖励	感受		
		提示实物	应该做的	不应该做的	原因	行动步骤	是否失败	调整	实物奖励	情绪	身体感受	大脑感受
第二阶段 确认行为模式	第八天											
	第九天											
	第十天											
	第十一天											
	第十二天											
	第十三天											
	第十四天											

第三阶段 确认奖励

阶段	天数	提示	判断	行动			奖励		感受		
		提示实物	应该做的	行动步骤	实物奖励	吸引力	实物奖励	调整	情绪	身体感受	大脑感受
第三阶段 确认奖励	第十五天										
	第十六天										
	第十七天										
	第十八天										
	第十九天										
	第二十天										
	第二十一天										

今日笔记

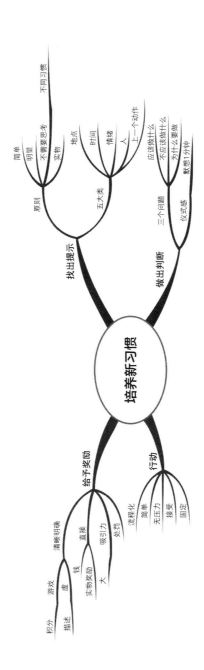

培养新习惯

找出提示
- 原则
  - 简单
  - 明显
  - 不需要思考
  - 实物
  - 不同习惯
- 五大类
  - 地点
  - 时间
  - 情绪
  - 人
  - 上一个动作

做出判断
- 三个问题
  - 应该做什么
  - 不应该做什么
  - 为什么要做
  - 默想1分钟
- 仪式感

给予奖励
- 描述
  - 积分
  - 游戏
  - 虚拟奖励
  - 钱
  - 实物奖励
  - 大
- 清晰明确
  - 直接
  - 吸引力
  - 处罚

行动
- 流程化
- 简单
- 无压力
- 接受
- 固定

今日实战

1.选择一个想培养的习惯，先找到一个适合的提示。

2.按照模板中的要求，验证这个提示是否有用。

3.确认提示后，按照模板，开始确认固定的行为动作。

4.选择对自己最有效的实物奖励，行为动作完成后给予奖励，没有完成给予处罚。

坏习惯不能改掉，但可替换

相对于培养一个新的习惯，改掉一个旧习惯更难，因为这个行为模式已经存储在了你的大脑中，并不能像电脑文件一样简单删除，只能通过不断地调整来修改存储内容。

最常见的就是抽烟这个习惯。要戒烟太难了，人在有压力、无聊时，就想抽烟，就算身边没有烟，也要想办法去找。按习惯的形成过程来说，有压力、感觉无聊时就开始提示你该抽烟了；接收到提示，你就要想办法去执行；抽完以后，你会感觉压力过去了，没有无聊的感觉了，这就是奖励。

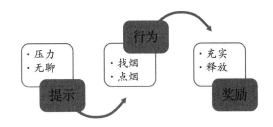

很多人在戒烟时，都是在收到提示后，本来想控制住不抽烟，但最终抵不过大脑对奖励的渴望，于是就失败了。

正确且较容易的一个方法应该是，在接收到提示后，把抽烟这个行为动作替换成别的行为动作，比如抽电子烟、喝咖啡、吃东西等，做完以后大脑同样会得到满足。这样，不需要抵抗大脑，只需要更改动作流程，习惯就变化了，这就比较容易了。

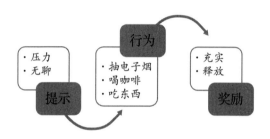

我父亲也是老"烟民"了，戒了好多次都没成功，后来改为想抽烟时就去嗑瓜子，口袋里经常装着一把瓜子，想抽烟时就拿出来嗑一会儿。结果很容易地就把烟戒了。现在他瓜子也不怎么嗑了，一个坏习惯就这么改掉了。

替换旧习惯的四个步骤

替换旧的坏习惯，也需要四个步骤。

第一步：找出行动

要改掉一个习惯，先要找到已经形成的固定行为动作。比如晚睡的习惯，不睡觉时你一般都在做什么？是拿着手机刷朋友圈、打游戏，还是在看电视节目？刚开始需要记录一下，有记录才能明确，找出行为模式。

找到以后，还需要想想为什么要做这些，是觉得时间还早不想睡，还是累了一天了想放松？这其实就是大脑对这个习惯的渴求，是完成这个习惯行为的奖励。

第二步：替换行动

找到平常的固定行为动作，现在就要用别的行为动作来替换它，看替换后能否满足大脑的渴求。

睡觉前的惯常动作是看手机，那换成看书，看看能否满足你大脑觉得时间还早的想法。

等看了一会儿书以后，你需要记录一下你的大脑现在在想什么，感觉如何，情绪如何。比如，看了5分钟书，感觉不太好，精力不集中，老想着玩手机，情绪上还有些烦。

记录完后，请不要马上开始玩手机，至少再等待5分钟，5分钟之后，看你是否还想继续玩手机。为什么要等待？前面说了，不要马上做出判断，要问自己三个问题：应该做什么？不应该做什么？为什么要这么做？问完后再来做决定。还有一个原因是让情绪得到缓解，让部分精力得到恢复。

5分钟后你还是想玩手机，那说明这个动作没有满足大脑的渴求，需要再找别的行为动作。比如睡觉前去做一点家务，既利用了时间，还有成就感。

做完家务以后同样记录一下感觉、情绪和想法。如果5分钟后，不想玩手机了，想睡觉了，那说明做家务是可以替换玩手机的，它能够满足大脑对时间还早的渴求。

具体的行为动作需要不断地进行试验。至少要花一周的时间，变换不同的行为，看哪个行为能真正替换现有的行为。

第三步：找到提示

每天睡觉前，到底是什么在提示你要去玩手机？因为已经形成了一个习惯，行动的时候都是无意识就去做了，想要改掉这个习惯，就需要明白是什么在提示，下次这个提示再出现时，就可以开始替换行动了。

这个提示，有人可能是吃完晚饭往沙发上一坐，就自然而然地拿出手机来玩，一直到睡觉；有人可能洗漱完后，习惯性地拿出手机来玩。坐沙发上和洗漱的动作，就是提示你要开始玩手机了。

前面讲到，提示分为五大类，时间、地点、情绪、人物、上一个动作。你需要记录一周中，这五类里哪一个是每天都发生的。每天都发生的，就是你的提示了。比如每天都有洗漱这个动作，但不是每天都有坐沙发的动作，那么洗漱就是你玩手机的提示了。

第四步：制订计划

洗漱后就会玩手机，替换的动作是去做家务。接下来就需要制订计划，在每次洗漱完以后，你准备做哪些家务。大晚上的肯定不能洗衣服，声音会影响到家人，也不能做重活，会影响睡眠。那就做一些轻松的，比如擦地。擦地要准备哪些工具？今天要完成哪间屋子，明天要完成哪间屋子？擦地完成的要求是什么？这些都需要计划好。后面会有单独的一节详细说到如何做计划。

制订好计划，就按计划去执行吧。执行的过程中也需要时刻调整计划，直到计划完全有效并适合你。

改掉旧习惯记录表

天数	惯常行为	想法	提示	新的行为	三个感受			是否继续
					想法	感觉	情绪	
第一天			地点 时间 情绪状态 其他人 上一个动作					
第二天			地点 时间 情绪状态 其他人 上一个动作					
第三天			地点 时间 情绪状态 其他人 上一个动作					
第四天			地点 时间 情绪状态 其他人 上一个动作					

（续表）

天数	惯常行为	想法	提示	新的行为	三个感受			是否继续
					想法	感觉	情绪	
第五天			地点 时间 情绪状态 其他人 上一个动作					
第六天			地点 时间 情绪状态 其他人 上一个动作					
第七天			地点 时间 情绪状态 其他人 上一个动作					

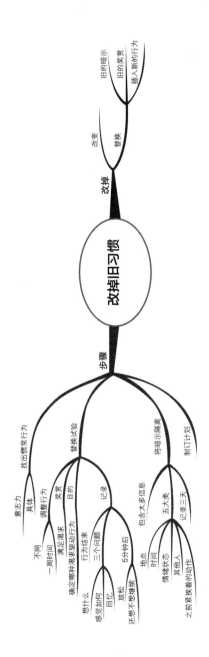

今日笔记

改掉旧习惯

改掉

改变

替换

旧的暗示

旧的奖赏

插入新的行为

步骤

找出惯常行为

意志力

具体

调整行为

一周时间

不同

替换试验

奖赏

满足渴求

确定哪种渴求驱动行为

目的

行为结束

记录

三个问题

想什么

感觉如何

回忆

5分钟后

放松

还想不想继续

将暗示隔离

包含大多信息

地点

时间

情绪状态

其他人

五大类

之前紧挨着的动作

制订计划

记录三天

今日实战

1.找出一个想改变的旧习惯，记录一下这个习惯的固定行为动作是什么。

2.尝试变化不同的替换行为，连续记录一周，找到可以替换的行为。

3.明确旧习惯的提示，下次再接收到此提示，开始执行新的行为。

4.按照模板执行三周左右，看看旧习惯有没有变化。

培养习惯要从核心习惯开始

很多人都希望自己在短期内就能有大的改变，于是会一下子培养很多习惯，又要早睡早起，又要阅读学习，还要运动健身，这样是不好的。

改掉旧习惯、培养新习惯的过程是需要很强的自控力和很多精力的。不管你有多少想改掉的坏习惯，还是有很多想培养的新习惯，都建议你先从一个习惯开始。

一个习惯，带出多个习惯

到底该从哪一个习惯开始呢？这里就说到了核心习惯。

什么叫核心习惯？一个习惯可以自然而然地带出一系列别的习惯，并不用刻意去培养别的习惯，那这个习惯就叫作核心习惯。

比如当养成了跑步的习惯以后，你就开始关注自己的健康了，也会开始注意饮食方面，不会像之前那样大吃大喝，吃很多高热量的食物了；为了吃上健康的食物，你需要早起，自己来做，这样早起的习惯就养成了；为了早起，就必须早睡，早睡的习惯也养成了；每天的睡眠质量提高了，精神状态也会有所改变，精神好了，每天工作的效率就会有所提升。

只是开始跑步了，后面的这些习惯并没有专门培养，都是不知不觉中就开始的，跑步就是核心习惯。

找准核心习惯，带来更多改变

核心习惯是很重要的，很多人都不满足于现状，想改变，但取得的效果并不好，就是因为没有找对改变的地方。来看下我一个朋友的经历吧，之前他每一天是这样度过的：

早晨7点闹钟响，他不会马上起床，而是一直磨蹭到不能再磨蹭的时候才起床，起来以后匆匆洗一把脸，出门坐公交，路边买个早点，踩着点到公司。

到了公司后，早餐还没吃，也没顾得上想今天有什么事要做，就有同事、领导来找他了：报告怎么样了？那件事进展如何了？这么多事，好乱，没时间多想，只能是谁来找就先做谁的事。

中午订个外卖，边吃边看视频，吃完了也不起来动动，马上就要上班了，得赶紧把视频看完啊，也不休息一下。

到了下午，没什么人来找了，开始做自己的事，但老是感觉困，没精神去做，太累了，放着明天做吧，先找点轻松的事做，现在等着下班吧。快到下班的时候，领导来找他了，问他之前交代的事做得怎么样了，这时他才想起来还有一件事情没有做。没有办法，不能按时下班了，只能加班把这件事情做完再说。

因为加班，到家差不多晚上八九点了，累了一天，其他也不想学，玩玩游戏休息休息吧，这一玩游戏就不知不觉到十一二点了，实在困得不行了，才想起来睡觉。

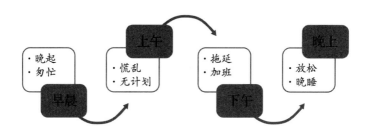

因为睡得晚，第二天起得也晚了。这样陷入恶性循环。

这其实是很多人的一个现状。想要改变，需要找到根本原因，找到核心习惯，从核心习惯开始做出改变，其他的也会跟着改变。

填写模板，找到核心习惯

每个人的核心习惯都是不太一样的，怎么找呢？需要三个步骤，同样结合模板来说明。

第一步：记录

记录一下，你每天都会有哪些习惯性的行为。就像我的那位朋友一样，他每天的习惯从早上就开始了，习惯性拖延，习惯晚睡，等等。

按时间段来记录，把早晨、上午、下午和晚上这四个时间段里出现的习惯都记下来，连续记录一周。接着把每天都出现的习惯列出来，每天都出现的，说明是直接影响你现状的。

第二步：分析

记录了每天的习惯以后，接下来需要进行分析，先看一下这些习惯的特性，也就是明确一下习惯的提示和奖励是什么。是什么东西引出的这个习惯？又为什么会产生这个习惯？比如每天只要闹钟响了，就会继续睡，因为觉得太累、太困了。

接着来看看这些习惯之间有没有联系。比如因为起晚了，所以不吃早餐；因为睡晚了，所以不能早起。找联系的过程其实就是找源头的过程。到底是什么让你每天起晚了？是因为每天都睡晚了。为什么每天都睡晚了？因为玩游戏。真的是因为玩游戏吗？其实再向前推，会发现是因为每天回家晚。为什么会回家晚？是因为老加班。为什么会老加班？是因为老忘记有事要做、做事无计划。

那就先解决忘事和无计划的问题。

第三步：试错

要解决问题，就需要进行一些试验，不断试错，找到解决办法。

针对上面的情况，你可以试一试每天提前10分钟到公司。利用这10分钟的时间列一下今日待办清单，想想昨天有什么事情没做完，今天又有什么事情需要先做。列出来以后，差不多也到上班时间了，同事再来找你，你可以拿他们的事和清单上的事比较一下，重要的就先去做，不重要的就先记录后做。

这样每天都有计划，时间也可以安排好。因为每天上班都能把重要的事做完，所以加班少了，基本上都能按时下班，差不多7点就到家了。回家后，还是按你之前的习惯打游戏，之前打两三个小时已经很晚了，但现在提前开始了，玩两三个小时，身体就会觉得到睡觉的时间了，这样睡觉时间也提前了。生物钟一般是固定的，睡得早了，醒得也早了。

这样只是通过培养一个早到公司10分钟列任务清单的习惯，早睡早起的习惯自然而然都带出来了。

找到要培养的新习惯后，同样需要记录一周，观察这个新习惯有没有用。开始新习惯后，同样要记录每天都出现的习惯，和第一周的比较一下，看有没有改变。有改变说明有些作用了，没有改变就需要继续调整，比如是不是今日待办清单不完整，还有忘事的情况，那可以通过在日历上做标记来解决。如果列清单的习惯坚持了一周还是起不到任何改变，就需要更换另外一个习惯，比如改掉晚睡的坏习惯。

改掉晚睡的习惯也按上述方法进行，还是试一周，看看有没有效果。就这样不断试错，最终找到改变现状的核心习惯。

找到核心习惯，努力改变，别的习惯才更容易形成。

第一周

天数	时间段	习惯行为	一直出现的	特性	解决方法
第一天	早晨				
	上午				
	下午				
	晚上				
第二天	早晨				
	上午				
	下午				
	晚上				
第三天	早晨				
	上午				
	下午				
	晚上				
第四天	早晨				
	上午				
	下午				
	晚上				
第五天	早晨				
	上午				
	下午				
	晚上				
第六天	早晨				
	上午				
	下午				
	晚上				
第七天	早晨				
	上午				
	下午				
	晚上				

第二周

天数	时间段	习惯行为	一直出现的	特性	解决方法
第一天	早晨				
	上午				
	下午				
	晚上				
第二天	早晨				
	上午				
	下午				
	晚上				
第三天	早晨				
	上午				
	下午				
	晚上				
第四天	早晨				
	上午				
	下午				
	晚上				
第五天	早晨				
	上午				
	下午				
	晚上				
第六天	早晨				
	上午				
	下午				
	晚上				
第七天	早晨				
	上午				
	下午				
	晚上				

第三周

天数	时间段	习惯行为	一直出现的	特性	解决方法
第一天	早晨				
	上午				
	下午				
	晚上				
第二天	早晨				
	上午				
	下午				
	晚上				
第三天	早晨				
	上午				
	下午				
	晚上				
第四天	早晨				
	上午				
	下午				
	晚上				
第五天	早晨				
	上午				
	下午				
	晚上				
第六天	早晨				
	上午				
	下午				
	晚上				
第七天	早晨				
	上午				
	下午				
	晚上				

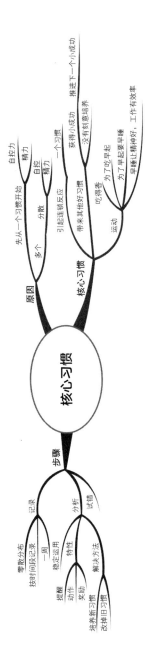

今日笔记

核心习惯

原因
- 先从一个习惯开始
- 多个 —— 分散
  - 自控力
  - 精力
    - 自控
    - 精力

核心习惯
- 引起连锁反应 —— 一个习惯
- 带来其他好习惯
  - 获得小成功
    - 没有刻意培养
    - 推进下一个小成功
  - 吃得香 —— 为了早吃早起
  - 运动 —— 为了早起要早睡 —— 早睡让精神好，工作有效率

步骤
- 记录
  - 零散分布
  - 按时间段记录
  - 一周
- 稳定运用
- 分析
  - 特性
    - 提醒
    - 动作
    - 奖励
- 试错
  - 解决方法
    - 培养新习惯
    - 改掉旧习惯

今日实战

1.记录一天中自己出现的习惯。

2.分析这些习惯的提示是什么，找出全部是由上一个动作引起的习惯。

3.通过倒推，找出最终的动作，确认由这个动作引起的习惯。

4.尝试用新的行为替换这个习惯。

5.记录替换后一天的习惯，看是否有变化。

21天真的能养成一个习惯吗

经常听人说21天可以养成一个习惯，真的可以吗？

21天养成习惯需要前提条件

想想你有什么习惯是在短期内就培养成的。在我看来，21天是远远不够的，至少也需要100天。为什么会有21天养成一个习惯这种说法？这其实忽略了一些前提条件。

首先，进入这21天，习惯的各个部分是已经稳定了的。

培养新习惯的提示实物、做出判断、行动模式、奖励对身体和大脑的刺激是都有用并且固定了的。同样，改掉旧习惯，替换的行动、提示的实物、计划等，也是明确了的。21天并不包括用来验证提示和确定奖励是否有用等过程。像前面说的模板记录，光记录这些至少也需要21天。

其次，21天是指连续的21天，没有任何中断，没有任何失败。

如果要养成一个早上6点起床的习惯，只要中间有一天失败了，哪怕你只晚了5分钟，也需要重新开始计算，从头开始重新累计21天。这也就是很多人培养不成早起习惯的原因。他们经常是工作日还可以坚持，一到周末就不行了，21天中断了。

培养一个习惯到底需要多少天？这没有一个具体的数字，因人而异。有的人自控力强、意志力强，需要的时间短；有的人意志力、自控力不太强，需要的时间就会长一点。

培养习惯需要经历四个阶段

一般情况下，一个习惯的养成需要经历四个阶段，每一个阶段都会遇到不同的问题，把这些问题解决了，才能进入下一个阶段，四个阶段都通过了，才能真正养成一个习惯。

第一个阶段：反抗期

你在培养一个新习惯或者改掉一个旧习惯的过程中，刚开始肯定会经历一个反抗的时期，这一个阶段面对的最大问题就是失败。

之前经常是早上7点起床，现在改到6点起床，闹钟响了，你太困了，迷糊得很，或者是闹钟响，你根本就没听到，于是还是一觉睡到7点。这其实不能怪自己，这是生理上的自然反应，身体在反抗。

为什么会有反抗？除了生物钟的关系，还因为旧的习惯是已经存储在大脑的基底核里的，不可能一下子就修改过来，需要大脑修整，重新存储。

遇到这种情况，先不要着急，把要求降低点，达到大脑和身体能够逐步适应的状态。现在是7点起床，不要一下子改到6点，变动太大了。可以改为每天提前5分钟，大脑和身体对5分钟没有什么感觉，比较容易接受。同时人在心理上也好接受，让你一下子做300个俯卧撑，你心理上会有反抗情绪，觉得太难了，肯定做不下来，但如果说第一天10个、第二天20个，这样每天增加10个，你会觉得不难，很容易接受。

第二个阶段：不稳定期

不稳定期，经常面对的是偶尔的失败。产生失败有两方面原因。

一方面是觉得已经取得了一部分成功，会很容易松懈。

比如刚才说的，工作日已经连续五天早起了，到周末，就会安慰自己说我已经成功了，已经连续五天了，周末应该多睡会儿。

这样的话，其实你的习惯已经不稳定了。周末连续睡了两天懒觉后，等到周一再想早起，又会经历一个重新适应的过程。

另一方面是经常会遇到一些外界特殊情况的影响。

比如说晚上加班，会睡得比较晚，第二天多半会起不来。要是真的起不来，你一般会很烦或者很郁闷，因为好不容易稳定了起床时间，又失败了，从而对待工作或者早起有了反感的情绪。

遇到这种情况，希望你先接受自己的失败，做任何事情都会遇到一些困难，会遇到一些例外，没必要抱怨自己。接受目前的情况，平静下来，看看有没有应对策略。

如果这段时间确实是工作忙，需要经常加班，建议养成早起习惯就暂时放一放，先保证睡眠，身体第一。如果说加班是因为你工作效率低，不会管理时间，那你可能需要好好安排一下时间，尽量减少加班的情况。

第三个阶段：倦怠期

倦怠期经常遇到的问题就是突然感觉没什么意思，不想继续了。

比如之前是7点起床，现在已经持续好长时间6点起床了，某一天可能你会突然感觉没什么意思了，当初为什么要6点起床呢？坚持了这么久也没感觉有什么变化，起来也没事可做，你会觉得这个习惯没意义，结果就会放弃。

遇到这个问题怎么解决呢？建议你做一些改变，可以培养另外一个新习惯，反过来激励一下已经形成的习惯。

比如现在已经养成6点起床的习惯了，可以再培养一个跑步的习惯，把你的注意力转到跑步上。因为早上要起来跑步，就必须早起，这样会更加刺激你坚持早起。当然，除了跑步，还有一些别的习惯，大家可以根据自己的情况来选择，目的就是把起床后这段时间给利用好。

第四个阶段：稳定期

稳定期是指已经可以做到不费力地早起，而且中间一般不会有什么例外情况，但偶尔还是会冒出不想起来的想法，这就需要你强化一下早起的目的，加强一下奖励，克服这些想法，坚持下去。度过了这个阶段，才可以说你的习惯已经养成了。

今 日 笔 记

提示
判断
行动
奖励
中断
失败

稳定
连续

21天的前提

习惯阶段

四个阶段

从小地方开始
简单记录
容易被影响
设定例外规则
感到厌烦
添加变化
计划下一项习惯
意志
坚持

反抗期
不稳定期
倦怠期
稳定期

今日实战

1.记录一下培养新习惯的感受，是反抗还是容易接受。

2.如遇到反抗，将标准降低一些，重新感受。

3.提前将养成习惯可能遇到的困难列一下，想好应对的方法。

4.提前想好下一个习惯，应对倦怠期。

增强习惯意识，才能持之以恒

想要养成一个习惯，你还需要有强烈的习惯意识。有意识，才能自控，才能坚持。

如何增强习惯意识?

先回顾一下养成一个习惯需要经历的四个过程，第一个是提示，第二个是判断，第三个是行动，第四个是奖励。

刚开始培养习惯时，大部分人都是接收到提示后，做不出正确的判断，结果行动就失败了，奖励也没有了。早上6点闹钟响了，想了想是该起床还是该继续睡呢? 还是继续睡吧。结果睡醒后就开始后悔，当初为什么就没有起来呢?

做判断时，因为意识不够强烈，所以经常会失败，想养成习惯也很困难。如何能够增强自己的意识，做出正确的判断呢? 主要有三个步骤。

第一步：明确习惯

在开始培养一个习惯前，一定要明确自己要培养的习惯是什么，同时要找到并明确提示、固定行为动作和奖励；接着明确自己要改掉哪些坏习惯，以及坏习惯发生的提示和替换的动作。

只有知道自己要做什么，在做出判断时，你才能做出正确的选择，才能有意识地做正确的事。所以，第一步一定要明确习惯，一定要把它们写到纸上。写到纸上才是具体的，大脑看到才会有意识，只靠想，是有难度的。

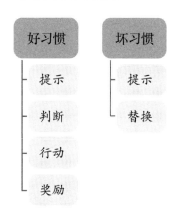

第二步：增强自我意识

还记得前面说的，培养一个习惯时需要问的那三个问题吗？接收到提示后，问自己应该做什么，不应该做什么，为什么要这么做。为什么要问这三个问题？是提醒自己一定不要相信大脑的第一反应，一定要三思而后行。

闹钟响了，第一个感觉肯定是觉得身体很累、很困，这是大脑给你的错误感觉。你的身体真的很累、很困吗？当真正起床后，你其实会发现身体也没有很累、很困。所以大脑的第一感觉不一定可信。

把这三个问题都想清楚了，审视一下自己的想法，当前的想法是要去做哪一个选择，然后再行动。这样自我意识才能增强，你才能做出正确的判断。

第三步：人为设置结果

回想一下多巴胺奖励系统，它分为两类，一类是即时奖励，另外一类是未来奖励。人的大脑第一时间只能获取到即时奖励，要获取未来奖励，需要人为地设定一些结果，突出未来的结果。人为设置结果可以分别从正面结果和负面结果来进行。负面结果是不养成这个习惯会给你带来哪些不良的后果，正面结果是你养成了以后能够给你带来哪些好的结果。

闹钟响了，你知道自己应该起床了，但就是下不了决心起床，这个时候就想想不起床会带来哪些后果，把负面结果扩大，用来激励自己，再把正面结果也明确一下，也算是给自己一些奖励。这样也能够提高自我意识，做出正确的判断。

经过以上三个步骤，基本上你就能够做出正确的判断，一个习惯就逐渐养成了。

今日笔记

今日实战

1.列出自己想培养的习惯。

2.找出已经明确提示和行为动作的习惯。

3.分别列出接收到提示后,自己应该做什么,不该做什么。

4.分别列出做了应该做的事后的奖励有哪些,做了不应该做的事后的惩罚有哪些。

制订合理有效的计划

增强了意识，开始养成一个习惯，接着就是执行了。要保证执行，一个合理有效的计划是必不可少的。

什么样的习惯需要计划

习惯可以分为微小习惯和复杂习惯。

微小习惯就是一个步骤就可以完成的。比如吃饭时不看手机这个习惯，当你吃饭时，有意识地放下手机，就这么一个步骤就可以完成。这一类微小的习惯是不需要制订详细的计划的，只需要增强意识就可以。

而复杂习惯是不能一两步就轻松完成的，需要好几个步骤才能达到目的。这就需要有计划地进行。光是吃饭时不看手机，是微小习惯，但想解决手机依赖症，减少看手机的时间，那就需要一定的计划才能实现。

不同的习惯需要不同的计划。在讲核心习惯时，建议培养习惯先从一个开始，尽量不让自己的自控力和精力分散。同样，在制订计划时，也需要聚焦力量，优先选择一个习惯来制订计划，其他的可以先进行试错，不急着制订计划。

选择哪个习惯来制订计划？先不管是不是核心习惯，最好选择压力小的习惯。

这个习惯你很容易就能做到，没有任何压力，于是你会感到很轻松，你的时间和精力也很充足，这样你就不会那么焦虑了，自信心就增强了，效率也提高了。

这一类习惯要优先执行，这些习惯完成后能给你带来一些好的结果，从而让你感受到习惯的好处，有信心去养成更多的习惯。

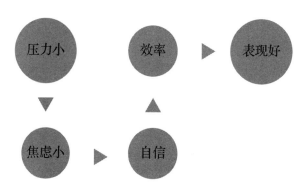

好的计划要和能力相匹配

选择好一个习惯以后，接下来就是制订计划了。制订计划需要注意一个原则，就是计划一定要和你的能力相匹配，不要当下能力不足，却给自己定了大的目标、大的计划。

要养成跑步的习惯，自己从来没有跑过步，那么你的计划就应该从低强度开始，不要一开始就想跑五六公里。从快走开始，先快走1公里，再到2公里，然后再开始跑，逐步加到5公里。不同阶段的计划，要和不同的能力相匹配。

制订计划的五个步骤

把握了原则，接着来看制订计划的五个步骤。

第一步：明确目的

我们一定要明确自己的目的到底是什么，有目的才能根据目的来制订计划。

你培养跑步习惯的目的到底是什么？是为了减肥，还是为了让身体更健康？这个目的其实也是习惯养成后，能够给你带来的好处。身材越来越好了，越来越有自信了，身体也越来越好了，身体是革命的本钱嘛。

目的是非常重要的，因为现在很多人在培养习惯时，根本不知道自己为什么要培养这个习惯，只是看到别人在这样做，自己也想去做。

看到别人都早起，我也要早起；别人都在跑步，我也要跑步；别人都在阅读，我也要阅读。但别人做这些事情都是有明确目的的，你没有明确的目的，只要执行过程中遇到一点问题和困难，很容易就会放弃。因为你根本不知道自己到底为什么要做这些，做着做着就觉得没意思了。

所以在制订计划之前，一定要明确自己的目的到底是什么。接下来需要搞清楚，这个习惯要达到的效果或者程度是什么。

第二步：明确效果

要培养跑步的习惯，最终效果是能达到一口气跑10公里，还是能参加一个全程马拉松。不同的程度，直接决定了计划的过程。

如果只是随便跑跑，想跑就跑，跑不动了就走，这个计划其实不需要合理性，只要能保证有时间去跑步就可以了；如果要参加马拉松，那就需要一些科学系统化的练习，不同的时间、不同的阶段需要进行什么练习，需要制订详细的计划。

第三步：准备

明确了目的，也知道了要达成的效果，接下来，看一下要培养这个习惯，需要做哪些准备，或者是开始执行计划的前提条件是什么。

要开始跑步，至少需要准备一双好的跑鞋。选择好装备，接着要选择路线，看当前居住的地方有没有适合跑步的路线。然后还要看你的时间，每天有没有充足的时间去跑步。比如你想要晚上跑步，但经常加班，根本没有时间，那这个计划执行起来就有点难。需要先找到可以固定、不经常受到影响的时间，比如早起来跑步。

把这些都准备好，才可以开始做计划。

第四步：细化步骤

要达到目的，计划总共需要分几个阶段，每个阶段要达到的小目标是什么，你的这个习惯固定的行为动作流程又是什么，这些都需要细化明确。

要跑步了，目的是参加全程马拉松，开始是达到能一口气跑5公里，再下来是10公里，接着是半程21公里，然后到30公里，最后到全程42公里。光按公里数，就分了好几个阶段。

要达到开始的5公里，具体又需要怎么做？第一周需要快走，第二周需要边走边跑，第三周需要慢跑，第四周又需要正常跑，这都是每个阶段的小目标。

还有，你每次跑步的流程是什么？穿跑鞋，热身，接着前2公里速度慢，然后逐步加速，这个流程也最好明确固定下来。

第五步：获取帮助

这个步骤是看在执行这个计划的过程中，你能够获得哪些帮助，列出可以帮助你的人，还有支持你的人。

你要参加马拉松，但对跑步这方面的知识不太了解，你认识的一个朋友，他经常跑步，比较专业，他就是可以帮助你的人，遇到一些不懂的问题，你就可以去咨询他。

列出支持你的人，其实就形成对你的一个监督团队。可以找一些也在跑步的人，相互监督，相互促进。

经过这五个步骤，一个完整的计划才算完成了。

制订计划需要注意的事项

写出来

任何东西用笔写出来，才是真真切切的，只是大脑想，永远也不具体、不现实。用笔写出来，也方便跟进，可以看到自己各个阶段的计划执行的情况。

看出来

计划要制订得详细明确，自己一看就明白。时不时拿出来看一看，也是在提醒自己要坚持执行。

说出来

说出来，能够接受公众的监督，不管是在朋友圈中说还是和朋友说。说出来能够形成一定的促进作用，能让别人来监督自己去执行这些计划。

制订了合理有效的计划，才能保证习惯的正常执行，接着就可以开始一个习惯的养成了。

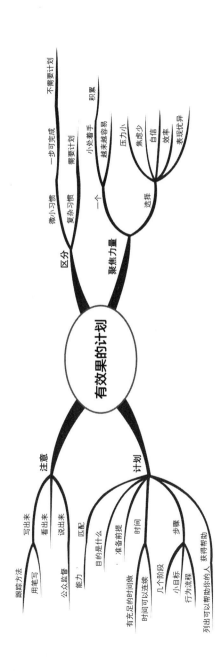

今日实战

1.列出所有自己想培养和改掉的习惯，区分一下难易程度。

2.选择其中一个相对容易的，明确一下培养习惯的目的。

3.明确培养这个习惯要经历哪些步骤，这些步骤分别需要多长时间。

4.列出所有能帮助你培养这个习惯的人。

第四章

实用工具

五款App助你管理时间

时间管理在理论上是非常复杂的，需要做好精力管理，需要区分任务优先级，需要保持专注力，等等，想要完全掌握不太容易。很多人光看着这些就头疼，更不知如何下手了。

理论上不太容易掌握，那咱们就先从实践开始。

本节介绍五款App，通过使用这五款App，你可以走完时间管理的整体流程。

记录类

想要做好时间管理，首先要搞清楚你现在的时间使用情况。就像理财，先要通过记账，弄清楚收支情况，再来安排理财。时间管理也一样，至少先要搞清楚你现在的时间是怎么分配的，工作上用了多长时间，学习上用了多长时间，生活上又用了多长时间。

这里介绍的第一款App就是用来记录时间使用情况的，叫aTimeLogger。最新版本aTimeLogger 2是要付费的，安卓手机可以下载之前的版本来使用。

使用过程是有些麻烦的，要在每个任务开始时点击"开始"，结束后点击"结束"，最终才能统计出你一天的时间使用情况。

不要怕麻烦，至少要记录一周的情况。数据越多，越能发现你不是没有时间，而是时间都浪费掉了。搞清楚了自己现在时间的使用情况，才能做出更好的安排。

不喜欢这款App，可以用别的代替。这类App的使用方法是差不多的。

收集类

要做好时间管理，还要明确有哪些事情要做。需要把要做的事情集中写下来，不能只在大脑中想，越想就越混乱。

收集任务类的App首推Doit.im，这是我现在用得比较多的。用它可以随时进行任务收集、日程安排、任务拆解、任务优先级排序，对做完的任务还可以进行归档整理。

除了这个App，还有一款是"滴答清单"，也是比较不错的收集类工具。不过，个人感觉它更适合做目标管理，不太适合做时间管理。

执行类

任务收集完了，接着就要执行了。

执行类的App推荐"番茄土豆"。它采用了番茄工作法的原理，专注执行25分钟，休息5分钟，接着再继续。

这款App也是可以收集任务的。任务不多，可以直接在这里收集；任务比较多，需要拆解，建议使用Doit.im进行，而且Doit.im里也有番茄时钟，直接就可以执行。

专注类

时间管理最重要的是专注力，只有保持专注力，才能高效。要提高专注力，就需要平常多锻炼，可以用"潮汐"这个App来进行。

它的原理仍然是番茄工作法。在做任何事时，不管是工作、学习，还是生活，你都可以用这个App，选择自己喜欢的声音让自己保持专注。

三张表格学会时间管理

时间管理说起来比较简单，列出有哪些事情要做，根据事情的优先级安排时间，然后执行就可以了。但是真正操作起来却并不那么简单，要么就是事情太多，不知道如何安排；要么就是安排好了，但根本没有办法按计划进行。结果是时间没管理好，事情反而更混乱了。

本节推荐一个实用的时间管理模板，总共三张表格，分别是待办清单列表、周计划表和月总结计划表。按照表格的内容来填写，能帮你理清时间管理的步骤流程，提高做事的效率，让你每天过得不再混乱。

待办清单列表

这张表格主要是用来收集任务的，有哪些事情正在做，有哪些事情需要做，有哪些事情想去做，都收集到这张表里。

第一列"项目"是对事项进行分类，分为工作、生活、学习、健康这四大块。其实还应该有一块是关于财富的，因为财富和工作、生活、学习都有关系，所以不单独列出。

待办事项列表

项目	目标	编号	内容	质量要求	截止时间
工作	升职加薪	1	完成首页页面设计	评审通过	4月18日
		2	组织评审会议	提高效率	4月19日
		3	参加需求分析会议	明确需求	4月16日
生活	工作生活平衡	1	陪家人	交流	每周两次
		2	出游	放松	"五一"假期
学习	提高技能	1	学习项目管理	考试通过	6月3日
		2	使用设计工具	工作中使用	5月4日
健康	30分钟内跑5公里	1	完成5公里	不停顿	每周三次
		2	改善饮食	轻淡为主	一日三餐

有了分类，接下来需要明确每个分类的目标是什么。

先要知道自己有哪几类事情需要做，然后要知道为什么要做这些事情，也就是各类事情的目标。根据目标来选择事做，而不是所有事都要做。

目标不需要写得很详细，写出愿景目标即可。如果愿景目标不清楚，那就写一年内想要达到的目标。

比如工作上，想实现升职加薪；生活上，想让自己的工作和生活能够平衡；学习上，因为要升职加薪，所以需要提高自己的工作技能等。

明确了目标，接下来就列出每一类事项中具体有哪些事情要做。把你现在正在做的事、知道要做还没有开始做的事先列出来。比如，工作上现在正在做几个页面的设计，完成后需要组织评审等。后面有新增的事情也要加进去。

在添加具体的事项时，需要对照你的目标来看。做这些事情对你的目标有什么作用？是能够促进目标的实现，还是已经偏离了你的目标？花太多的时间在对目标无意义的事情上面，是最没有效率的，要保证所有做的事情都是为了实现目标的。

把具体的事项列完，还需要分别明确每件事最终要达到的质量要求是什么。你有没有遇到过这样的情况：做一件事情，要么觉得它难，就不想做了，产生了拖延；要么觉得它很容易，随便做一下就完了，结果是通不过，需要返工，浪费时间。这都是因为对质量要求不明确。

做事情之前，先明确它的质量要求，那在做的过程中也能知道到底该怎么去操作，才能减少拖延和返工的情况。

最后还有截止时间，明确最晚在什么时间完成，方便安排周计划。

周计划表

计划建议按周来做，按天时间太紧张，不够灵活，按月时间又太久，不好把控。

新的一周开始前，将待办清单列表里面的事情按高、中、低排一下优先级，高就是保证要做完的，中是争取做完的，低是可以不做的。

排优先级时，还要兼顾工作、生活、学习、健康四大块，争取达到平衡。接着就需要把具体的事项根据截止时间对应到每一天。

这里建议每周从周日开始算，周日到周六，这是一周。因为做总结、做计划是需要时间的，周一经常会说事情多，没有时间去做，而周日大多没有工作上的事，做计划的时间肯定是

周计划表

排序	项目	编号	周日	周一	周二	周三	周四	周五	周六
高	工作	1		参加需求分析会议	完成首页页面设计第二部分	完成首页页面的全部设计	修改首页页面设计		
		2		完成首页页面设计第一部分		组织评审会议			
	生活	1	陪小孩出游						到父母家吃饭
	学习	1							项目管理的第一章
	健康								
中	工作	1				新软件研发	向开发人员讲解要求		
	生活	1			给小孩讲故事	给小孩讲故事			
	学习								
	健康	1			跑步5公里		跑步5公里		跑步5公里
低	工作								
	生活								
	学习								
	健康								

有的，这样就减少找借口拖延的情况。

列的时候还需要把不能具体到天的事项拆解到每天。像完成页面设计，需要三天才能完成，那周一要完成什么，周二要完成什么，周三又要完成什么，都拆解好。

列完就可以开始执行了，参照表格，一眼就知道本周每天要做什么；如果当天做不完，还能知道可以调整到哪一天，非常方便、灵活。

月总结计划表

想要把时间管理得更好，就需要进行不断的总结和调整。建议每月总结一次就可以，每天总结肯定是做不到的，而且事情又少，总结的效果并不好。

总结主要是先回顾各个事项完成的情况，是全部完成了，还是完成了百分之几。接着把未完成的原因写出来，分清是内因还是外因，并根据原因说一下补救措施。比如工作进度落下了，要不要通过加班补上来。光想补救措施也不够，还要从根本上解决，想想有什么改进的方法，避免这种情况再次发生。

不断地总结，知道自己的问题在哪儿，再去实践解决方法，才能从根本上解决问题。

本月总结表

项目	完成情况	未完成原因	补救措施	改进方法	备注
工作	60%	新增需求	加班	需求需要多沟通	
		没通过评审	重新评审	多出几个方案	
生活	100%				
学习	10%	不想学习	周六补	让别人来监督	
健康					

下月计划表

项目	重要内容	任务拆解	计划				备注
			第一周	第二周	第三周	第四周	
工作	商品页面设计	完成设计					
		完成评审					
		修改通过					
生活							
学习							
健康							

除了总结，还要做一下下个月的计划，提前有个方向。

下个月的计划就是把你工作、生活、学习、健康里面最主要的内容列出来，不需要把所有事情都列出来。如果是一个大的任务，最好拆解，小的任务可以不拆解。接着大体规划一下，这件事要在下个月的第几周前完成。

有了月计划，在做周计划的时候会更完善。

通过填写这三张表格，你就能弄明白时间管理的流程，做事混乱的情况能得到一定程度的解决。久而久之，你的时间会管得越来越好，做事效率也会越来越高。

七个时间管理技巧

如何在短期内把时间管理得更好？本节介绍几个小的技巧，不需要专门学习，只需要在日常生活中注意一下，就可以帮你节省出很多时间，提高工作效率。

技巧一：不关闹钟

早上闹钟响后，不要关闭闹钟。

大部分人在闹钟响后，会直接关掉，想着再睡5分钟就起来，结果一睡就睡过头了。如果闹钟一直在响，想睡也睡不好，没办法，只能起床了。所以，如果你一个人住，闹钟响了以后不要关闭，就让它一直响着。

可以把闹钟放到必须下床才能拿到的地方，不要放到床头，这也算是强迫自己起床的一个方法。这样，你每天可以多出几分钟，而不是在睡梦中浪费，早上也不会显得很慌乱了。

技巧二：固定地方

把钥匙等常用的东西放在固定的地方。

要出门了，才发现找不到钥匙了，于是满屋找、到处翻，无形之中就浪费了很长的时间，以至于出门赶不上公交，上班也迟到了。

所以每天回家后，把钥匙放在固定的位置，可以挂到门后，也可以放到门旁的盒子里，下次出门就不需要再花时间去找了。其他随身带的东西也可以固定一个位置放置。

技巧三：任务分类

每天工作会面对很多任务，如果你不知道该先做哪个、后做哪个，在执行时就会很混乱。为了减少混乱，可以先把任务分类，哪些事情是需要自己思考的，哪些事情是需要自己亲自执行的，哪些事情是需要别人配合的，哪些事情是可以交给别人的。

分类后，把同一类事情安排到一起做。回邮件、回留言之类的，统一操作；写文档、写报告之类的，也集中进行。这样也能够减少在不同类任务之间来回切换的时间浪费。

技巧四：关掉提醒

把手机QQ、微信等各类消息提醒关掉，只保留电话铃声。

工作中注意力不集中，最大的原因就是消息提醒的干扰，一会儿微信来个消息，一会儿淘宝来个优惠信息，你就会控制不住地点开看看，从而掉进时间黑洞。

把这些都关掉，不让它们吸引你的注意力，能够减少任务的中断。

技巧五：多活动

中午吃完饭后不要马上回到办公室，到办公室外走走，多活动活动，这其实是一个很好的休息放松的方式，能够让你下午更加集中精力去做事情。在中午休息的时间看手机、看电脑，反而会让你的大脑和眼睛更累，得不到休息放松。

技巧六：整理文件

下班时，把办公桌整理一下，已经完成的工作收起来，明天要继续做的摆到显眼的位置上。

不要每天下班后办公桌上乱七八糟堆了一堆文件，第二天上班，又要在这一堆文件中找需要的文件。

除了办公桌，电脑也需要整理。每天电脑上接收和处理的邮件、文件，下班前花点时间整理下，完成的归档，未完成的可以放在桌面上，不要什么都在桌面上放着，查找起来费时间。

技巧七：提高睡眠质量

睡觉前一个小时关闭手机、电脑等电子设备。

睡觉前看手机、电脑，是严重影响睡眠质量的，越看越兴奋，越看越不想睡。提前关闭，能让你静下心来，睡眠质量也会提高，这样第二天你才会有精神。

有精神了，注意力才集中；注意力集中了，效率才高；效率高了，时间利用才好。这样循环下去，你的时间管理才会越来越好。

三个时间点的不同操作

本节介绍在三个时间点进行不同的习惯性操作，从而养成时间管理习惯，提高效率。

三个时间点分别是早上上班点、下午上班点、下班点。三个时间点各自的操作，主要是针对待办列表进行的。

早上上班点

早上上班后，先不要急着开始工作，也不要想着上上网、聊聊天再开始工作，应该先列一下今天有哪些事情要做。

列完后，再安排这些事情的优先级。每天的时间都是有限的，不可能把所有的事都做完，所以需要做一个取舍。

排优先级不需要多么复杂，搞清楚哪些事情是今天必须完成的，哪些事情是可以往后放的。把主要的时间和精力都安排到做今天必须完成的事情上面。

明确了这些再去安排时间，只要保证不拖延，大部分时间都可以利用好。

下午上班点

吃过午饭，经过一段时间的休息，下午1点开始接着上班。这时首先需要做的事情是根据上午执行的情况，调整一下下午的安排。

看上午有哪些事情没做完，下午还需要用多长时间。同时看一下，有没有新增的事需要做，有就加上。

加完以后再看一下，今天必须完成的事情，你能不能保证在下班前完成。如果不能，看看能不能请别人帮忙，能不能和领导反映下，调整截止时间。

调整完以后，根据新的安排，再开始下午的工作。

下班点

经过一天的工作，到下班的时间了，不要马上关电脑走人，花一点时间进行总结回顾。

回顾一下今天列的事情完成了多少，未完成多少。那些事情是没有完成的，为什么没有完成，需要找到原因。是因为自己时间管理不好，拖延了，还是因为又新增了一些任务？

找到原因，尝试一些改进的方法。因为自己拖延了，就需要提高自控的意识；因为有新增的事，就需要在安排时间时，空出一段时间，留一个缓冲期，来应对突发事务。

经过这三个时间点不同的操作，你可以初步养成时间管理的习惯，然后逐步完善，系统化地掌握时间管理。

情绪管理的三个实用方法

说到提高效率，经常听到的就是要学会时间管理、要利用好时间等，其实，最影响效率的，除了时间，还有情绪。当你生气时，明知道有事要做，可就是不愿意去做，这样效率也是很难保证的。

所以，想要提高效率，还需要进行情绪管理，让自己保持平和的心态。做好情绪管理，可以采用以下三个实用方法。

方法一：情绪转移

你有没有这样的经历：生气时，你会越想越生气，越想坏情绪越严重。所以，感觉到自己的情绪发生了变化时，你不要一直想自己为什么会生气。这个时候需要进行转移，想想别的事情。

生气时，去想一些能够让你高兴的事，你的情绪能得到一定的缓解。情绪缓解后，回过头来再看让你生气的事，你就会发现不同的角度、不同的理解，你的情绪才会平稳。

现在，领导批评你了，说你的工作做得不怎么样，不如某同事。这时，你就会觉得自己加班加点，付出了很大的努力，结果却是这样的，越想越不甘心，甚至会觉得领导是故意针对自己的。

这种情况下，你应该去想一些别的事情，想想加班时，家人是怎么支持你的，说明家人是很在意你的；想想之前做的工作，是不是也得到过领导的认可，并不是说你做什么都得不到认可。

这样想想，你的情绪能够得到一定缓解，回过头来你再仔细想想领导的建议，没准就能发现新的工作方法。

方法二：明确目的

如果你很生气，就会觉得自己做这件事情是错误的，一开始根本就不该去做这件事。自己加班加点，这么努力地工作，结果还不如随便做一做呢。

有了这个想法，先别生气，回过头明确下自己为什么要努力工作，目的到底是什么。你的目的是希望自己能把每件事都做好，能够展示自己的能力，能够得到领导的认可。那现在领导不认可，没有看到你的能力，你生气了，是不是就该放弃了？要放弃，结果只能是领导觉得你的能力确实就是这样了。

调整情绪，在短时间内重新完成工作，争取得到领导的认可，你的目的才能达到。

方法三：学会放下

领导今天批评你了，你放不下，心里就会有这样一个结，再次面对领导时，总担心他再批评自己，做什么事都没自信了。

有这样的情绪，你的工作态度就会有改变，效率就会更低。

这时，你要学会放下，调整自己的情绪。其实好多事都是你心里想的，现实并不是那样的。

掌握721法则，减少焦虑

很多人学习时间管理，最主要的还是想缓解自己焦虑的心态。因为不知道自己当下该做什么，将来又该做什么，所以想通过学习时间管理来明确目标，做好安排，从而减少焦虑。

现实却是时间管理学得越多，发现要做的事情就越多，不确定性也越大，反而更加焦虑了。如何避免这种情况？建议尝试一下721法则。

721法则对应的是时间分配，总共有三个原则。

原则一

要把70%的时间用于当天的事情，把20%的时间用于为明天的事情做准备，把10%的时间用于做下周的计划。

人为什么会焦虑？因为经常在做当前的事情时，又想到了明天的事、下周的事，一想到有这么多事要去做，就会觉得累，又担心自己做不好，就会开始焦虑。

出现这种情况，也是因为做事时不够专注，想太多。所以一定要专注于当前的工作，等做完了再来想。可有时就算提醒自己要专注，但还是怕没时间去准备，越想越急，于是草草结束今天的工作，开始准备明天的事情。结果是今天的工作没做好，要返工，反而更没时间准备明天的事了。

解决这个问题，需要将每天的时间进行分配。按一天工作8小时，加上下班的时间，共10小时来算。70%的时间，就是上班时要拿出7个小时专注于当天的工作任务。在做当天的任务时，想到后面的事，不要着急，反正有单独的时间来想，不用担心。

离下班还有1个小时，看看明天有哪些事情要做，做好明天的安排。时间比较多，还可以在今天提前做一些准备，这样明天工作就更加顺利了。明天下午要进行项目汇报，那明天早上就需要把PPT等准备好了，今天有时间可以提前准备，没时间可以先把大纲列出来，明天上午直接就可以开始做了。还可以利用下班路上的1个小时细想一下详细的内容。

再安排出1个小时的时间，可以利用每天上班路上的1个小时来想想后续有哪些事情要做，只想下周的就可以。明天要开会、下周要转正等，这样可以清楚地知道自己后面的大体安排。

专注于当下，有时间去提前安排，还清楚后面要发生的事，也就不再害怕、不再焦虑了。

原则二

70%的时间用于工作，20%的时间用于家庭生活，10%的时间用于娱乐社交。

看到这种情况，很多人都会说70%的时间用于工作，除了工作就没有别的事情了吗？不应该是工作、生活相平衡吗？其实，我们常说的工作、生活要平衡，并非指两者占用的时间是相同的。来看一下你现在每天花在工作上的时间有多少，有多少人是能够按时上下班，不加班的。

还有一种情况是工作时，一直在想自己家庭生活上的事情，而下班回家后，又开始想工作上的事情。

工作是生存的基础，如果工作不是自己喜欢的，每天还要花很长的时间去面对，你就会心烦、焦虑，觉得每天除了工作就是工作，完全没有自己的时间。所以，最好也把时间按工作、家庭生活、娱乐社交划分一下。

将大部分的时间用在和工作相关的事情上，除了刚才说的具体工作内容，还有为了提升工作技能等进行的学习任务。

现代人经常被家人抱怨不顾家。其实自己也想顾家呀，就是因为工作忙，没时间。想要顾家，不需要你拿出多少时间，每天陪家人吃顿饭、聊聊天，和孩子玩玩，他们也就满足了，这些其实用不了20%的时间。

抱怨一天到晚除了工作就是为了家庭，没有属于自己的时间？那就每天挤出少量的时间给自己，想做什么就去做什么吧。

时间有了合理的划分，各方面都照顾到了，你才会减少焦虑。

原则三

70%的时间用于工作，20%的时间用于和工作有关的新任务，10%的时间用于和工作没关系的新任务。这就是时间管理中减少打扰的原则。

现代人的效率为什么不高？就是因为经常被打断。当前工作任务还没做完，同事就来找你，让你帮忙做另外的事情，你不得不放下当前的任务去做新增的事；等做完回来还没开始继续刚才的任务，领导又叫你去做其他事了。

这是很烦人的，自己想做的事做不完，还一直在增加任务，真想什么都不做了，可不做又不行，于是又开始焦虑。

想减少打断，就要把大部分的时间放在自己当前正在做的事情上，领导、同事来找你了，和工作有关的，根据紧急情况来安排时间去做；和工作没有任何关系的，尽量不要花太多的时间。这样的时间安排才是合理的。

减少被打断的情况，自己的事情可以按时做完，你也就不会再焦虑了。

第五章

精进自我

减少抱怨，远离负面情绪

茶余饭后，人们经常会发出各种各样的抱怨，有抱怨工资低的，有抱怨工作辛苦的，有抱怨公司不好、老板抠门的，还有抱怨同事工作不配合的，等等。

人为什么会抱怨？其实抱怨是不想面对自己。出了问题，抱怨一下，就可以把原因转移到别人身上或者周边环境上，反正不是自己的原因。长期这样下去，发现不了自己的问题，最终受影响的还是自己。

减少抱怨，远离负面情绪，才是真正面对自己最好的方法。

怎么减少抱怨？下次当你还想抱怨时，可以将事情分类：自己的事、别人的事和老天的事。

自己的事

今天上班又迟到了，都怪地铁人太多，有的人素质太差了，不好好排队，一直插队，等了好几趟才上去。

上班迟到真的是因为别人吗？人们的素质好坏直接决定

了你是否迟到吗？人们为什么要挤？其实也是害怕自己上班迟到，这只是人的本能，所以上班迟到是你自己的事情。是自己的事情，就要自己想办法解决。

人多太挤，能不能避开高峰期？提前半个小时进地铁，还会有多少人和你挤呢？你还会迟到吗？

结果很明显，上班迟到不是别人的原因，而是自己起晚了，不想提前到公司。

正确地面对问题，才能找到解决它的方法。

别人的事

人事部门的人真死板，迟到几分钟而已，不记录不行吗？

既然公司的规章制度对"迟到"做了相关规定，那人事部门的人就得按这样的规章制度来执行。只要你在这家公司，就必须遵守这样的规则。面对这些，你是无法改变的，所以这是别人的事。

换个角度来想一下，如果人事部门的同事不按规章制度来记录，影响的是他的工作。

别人的事无法改变，抱怨也是没用的。

老天的事

今天自己提前半个小时出门上班，结果地铁坏了，延误了，又迟到了。面对这样一个问题，很多人就开始抱怨了：平时收那么多钱，怎么不检修？

你觉得地铁公司想让地铁坏吗？肯定是不想的。每次地铁停运后，地铁公司的维修人员也是积极进行检修的，但是人算不如天算，总有各种意外的情况发生。

遇到意外的情况，只能接受并适应当前环境，不要只是抱怨。

想想自己能不能乘坐别的交通工具去上班，比如公交车。如果不能，提前和人事部门的同事说明情况，一般公司都会理解，不会算作迟到。然后把自己的工作调整一下，看看能不能在等车的这一段时间先做一些，或者交给别的同事做，这样也能减轻迟到对工作的影响。

分清楚是谁的事，减少没用的抱怨，直面自己的问题，将时间和精力放在解决问题上，这才是正确之法。

坚持早起，开启全新一天

本节具体介绍如何培养早起的习惯，分别按照习惯养成的提示、判断、执行、奖励，以及他人和环境对习惯的影响五个方面来说明。

首先来看提示。

想要培养早起的习惯，最好的提示方式就是定闹钟了。

定闹钟时要注意以下事项。首先，闹钟的声音一定不要很刺耳，要选择轻柔的、缓慢的、由低到高逐步增强的声音。因为人在睡眠中被很刺耳的声音吵醒，精神状态会很不好。

也可以选择自己喜欢的音乐。现在有很多App，它们都可以提供鸟叫的声音、海浪的声音等，选择这些也是不错的。

除了对闹钟的声音有要求，对闹钟的摆放位置也有要求。一定不要放到伸手就能够得着的地方，因为大部分人都是闹钟一响，一伸手关掉后就继续睡了。为了强迫自己起来，请把闹钟放到伸手够不着的地方，最好是必须下床走一段路才能关掉的位置。

　　除了闹钟，还可以选择现在流行的运动手环。运动手环是先判断你是否处于轻度睡眠，然后通过震动来叫醒你的。比较适合害怕影响别人的人，有条件的可以弄一个运动手环来代替闹钟。

　　不同的人群，不同的居住环境，设置闹钟也有一些小技巧。

　　如果自己一个人住，闹钟的声音再大也不怕，因为不会影响别人，所以闹钟的声音尽量设置得大一些。数量上可以多设置几个，每隔一分钟来一个，第一个关了第二个还可以提醒你。

　　位置就是不要放到伸手就能够得着的地方。

　　如果是和家人一起住，怕影响家人，可以采取以下方法。闹钟最少也要准备两个，如果是用手机来定闹钟，就需要两个手机。

　　第一个闹钟的声音可以定得比较低、比较轻，有条件的可以用运动手环来设置，这个闹钟放到伸手就能够得着的地方。因为第一个闹钟主要是用来提醒自己到了该起床的时间，闹钟一响，伸手就把它关掉，这样不会影响家人。

　　第二个闹钟的声音要设置得很大，在第一个闹钟5分钟后响，不放在卧室里，放到客厅里。这样，在第一个闹钟响了以后，要是不马上起床，就需要下床走到客厅，把闹钟关掉，过5

分钟很大的声音就会响起，会影响家人，这也是强迫你起床的一个方法。

如果你是住在宿舍里，同样需要两个闹钟。第一个闹钟的声音还是比较低、比较轻的，放到脚边；当第一个闹钟响了以后，你必须起身弯腰才能够着，才能把闹钟关掉。

第二个闹钟同样是过5分钟响，声音是比较大的，放到你的柜子里面，有锁就最好锁上。相当于第一个闹钟响了以后，5分钟内不马上下床，打开柜子，把第二个闹钟关掉，就会把整个宿舍的人吵醒。为了不吵醒别人，你就必须强迫自己起来了。

接收到提示以后，大脑做出的经常都是错误的判断，都是去做不应该做的事。为了加强正确的判断，你可以在睡觉之前，把闹钟响了以后应该做什么，不应该做什么，为什么要这么做写到纸上，摆在闹钟旁边。

闹钟响了，应该马上起床，收拾一下开始看书了；不应该继续睡觉了，不应该浪费时间了；这么做的目的是想通过学习提升能力，达到升职加薪，想通过运动减肥，达到身体健康。

把这些都写到纸上，摆到闹钟旁边，在关闹钟时你就能看到，看到后不需要经过思考，直接就知道该做什么了。

做出判断后，接下来就是开始行动了。建议你把早上起床的动作流程化，可以采用三部曲的形式。闹钟一响，第一步就是下床；第二步是到卫生间用冷水洗把脸，这样可以刺激神经，让你快速清醒；第三步是喝一杯水，最好是喝一杯蜂蜜水，有点甜甜的味道，也相当于给你一些奖励了，让你得到一些满足感。

把这三步做完后，再来做你计划的事情，先进行体力活动，再进行脑力活动。很多人起来以后马上去看书，这样很容易犯困，又想睡觉。先进行一些体力活动，让身体活动活动再去看书，效果会好一点。

这个体力活动不需要多大的运动量，做做拉伸，做做瑜伽，或者做一套广播体操就可以。

做完这些，就应该得到奖励了。

你可以通过签到来获取精神上的奖励，因为签到可以看到早起天数不断累加，会有一定的成就感。

光有精神上的奖励还不够，刚开始一定要有实物上的奖励，起来后可给自己做一顿丰盛的早餐，连续多少天就给自己买一个自己想要的东西。

有奖励，对应的也需要有一些处罚。起不来就没有好的早餐了，想要的东西也不能买了。

最后来看一下如何减少他人和环境对早起的影响。

在他人的影响方面，尽量加入一些早起的社群，也就是前面说的强者刺激，用同类人的进步和成功来激励自己。尽量减少别人对你的负面影响，可以提前告知他们，你要开始早起了，他们说什么都无所谓。只要你坚持去做，最终的结果可能就是你反而影响到别人也早起了。

在环境的影响方面，睡觉之前提前准备需要的东西。早上起来要看书学习，就提前把书准备好，不要第二天起来了再去找。要跑步了，就提前把装备准备好。冬天天气冷了，就提前把衣服准备好。

拒绝晚睡，提高睡眠质量

想要早起，必须早睡，保证充足的睡眠才行。那如何养成早睡，改掉晚睡的习惯？

了解关于睡眠的误区

一说到早睡早起，很多人关心的是几点睡几点起，睡眠时间是否够。大多数人对睡眠的认识，还停留在总觉得自己每天睡眠必须8~10个小时才够。其实，8~10个小时是针对青少年。对成人而言，睡眠时间能够保证6~8个小时就可以了。

再来看睡眠的周期。睡眠简单来说是浅度睡眠和深度睡眠交替出现的过程。1个睡眠周期是一个半小时，4个睡眠周期正好是6个小时，也就印证了刚才说的，睡眠时长6~8个小时完全就够了。

要起床，最好是在浅度睡眠时被叫醒，人在这个阶段被叫醒，精神状态会很好。在深度睡眠中被叫醒，整个人精神状态就不会很好。

总之，睡眠时长不能太短，也不能太长，6~8个小时就行。

设置提示

想要改掉晚睡的习惯，实现早睡，需要一些提示。

首先，可以选择闹钟进行提示。晚上10点钟要睡觉了，那就设置个闹钟来提醒你到点了，该睡觉了。

其次，需要找到睡觉前的上一个动作是什么。要改掉晚睡的习惯，就要找到让你晚睡的动作，将它进行替换。

睡觉前的上一个动作是洗漱，只要晚上洗漱了，就是提醒你该睡觉了；还有，睡觉前喝一杯牛奶，喝牛奶是有助于睡眠的，因为里面包含了色氨酸，能够产生更多的褪黑素，褪黑素是直接影响睡眠的。晚上睡觉前喝，也是提醒你该睡觉了。

做出调整

接收到这些提示后还需要做出一些调整。

首先就是一定要关闭电子设备，不要把手机、平板电脑等带到床上去。因为电子设备会发出一种蓝光，这种蓝光会影响人的昼夜节奏系统感知，会让大脑推迟发出"该睡觉了"的信号，也就是说越玩手机，越不想睡。

所以，最好在睡觉前一个小时，就不要再碰手机、平板电脑之类的了。可以设置一个闹钟，晚上10点睡觉，9点多闹钟就提示你该关闭手机、平板电脑了。

其次是尽量让你睡眠的环境保持一个安静的状态。如果你是住在宿舍，可以买耳塞来降低噪音。

最后是调整光线。为什么要睡觉？就是因为大脑感受到了白天与黑夜的交替，到了晚上，光线暗了，褪黑素就提高了，就想睡觉了。良好的睡眠环境最好是少光线的。在睡前关灯，对其他光线进行遮挡，能够让你快速进入睡眠状态。

做出行动

首先要尽量让自己保持放松的状态，肌肉不要太紧张。

其次要让大脑也进行放松，可以在床头放一个记事本，想到什么事情，就把它写下来。有时候你想到一件事情，越想越睡不着，当你把它记到记事本上以后，就清空了大脑，能够放松大脑了。

刚开始培养早睡习惯时，实在是睡不着，不要强迫自己，因为越强迫越睡不着。这个时候可以起来，在卧室里散散步，最好看一些比较容易让你犯困的书，像专业书籍，不要看小说。这样也能够尽快入睡。

最重要的就是一定要固定睡觉和起床时间，这样能够形成生物钟，到了这个时间点就会感觉困了，想睡；到了那个时间点就会自然醒了。

提高睡眠质量

有的人睡眠质量好，有的人睡眠质量差，睡眠质量差的人怎么提高睡眠质量呢?

首先需要日常生活中注意自己的饮食，不要吃太多油腻的食物，多吃清淡的食物。在睡觉前4个小时，尽量不要吃东西，更不要抽烟、喝酒。

还有就是多冥想，让心情和大脑充分放松。

还可以慢跑。

同时需要注意午睡。午睡的时间一定不要太长，不要超过45分钟，最好是10分钟到20分钟。如果午睡时间比较长，达到了1~2个小时，那你就进入了深度睡眠阶段，这时把你叫醒，你反而会感觉很困，晚上也很难入眠。

除了日常需要注意的，你还需要营造一个好的睡眠环境。除了刚才说的光线，还要注意室内的温度，太热太冷，都不太容易睡着。适宜的室内温度是18.9℃，有条件的可以通过空调来调节温度。

还需要准备好的床垫和枕头。床垫要软硬适中，太软的对腰椎没有支撑，太硬的睡着难受。枕头一定不要太高，太高了颈椎是弯曲的，也不太好。

饥饿疗法

饥饿疗法常用于应对想改掉晚睡的习惯，但就是睡不着的情况，主要有三个步骤。这个方法一开始对人的身体健康确实会产生影响，但坚持下去，你晚睡的习惯就能改掉。

第一步是到点就起床。不管你头一天晚上是几点睡的，到点就起床。想6点起床，只要6点闹钟响了就起，不管前一天晚上是10点睡的，还是深夜一两点睡的，不管睡眠时长够不够。

第二步是不午睡。起来以后不管多困，都不补觉，到了中午也不午睡，一直就保持想睡觉的状态。

第三步是到点就睡。因为白天一直没有睡觉，到了晚上就想早早睡觉，也不要太早，要等到适合的时间再睡。

这样强迫下去，睡觉的时间就会提前，睡觉时间提前了，起床的时间也会提前，早睡早起的习惯就养成了。

勤于阅读，保持学习进步

养成了阅读的习惯，你就可以进而培养更多主动获取知识的学习习惯。

要培养阅读习惯，先要知道该去读哪些书。至于书籍的选择，可以通过兴趣、现状和发展三方面来明确。

首先看根据兴趣怎么选择。

根据兴趣来选择，它的特点是没有任何的功利性，就是常说的开卷有益，只要看了，对自己来说都是有用处的。

兴趣类的书籍就是你喜欢什么就去选择什么，没必要选择畅销书，只要是你喜欢的就可以了。这一类书籍是用来消磨时间的，不需要进行记忆理解。

兴趣是最好的老师，也是最容易产生动力的，所以刚开始培养阅读习惯，最好从自己最感兴趣的开始。

其次要根据现状进行选择。根据现状选择是有一定的功利性和需求性的。

　　首先根据工作来确定。工作至少需要经过三个阶段，第一个是保持现在的工作，第二个是提升工作技能，第三个是研修专业，让自己在工作中更专业。

　　想要保持自己现在的工作，你需要掌握哪些技能？想要在现有工作的基础上有所提升，又需要掌握哪些技能呢？这些就是阅读的方向。

　　其次根据生活来确定。你在生活中会有一些具体需求，比如接下来你准备要小孩了，那是不是就需要看一些育儿方面的书籍？

　　工作、生活上的阅读是需要系统化进行的，并不是说随意读一两本书就可以满足你的需求的，所以你在阅读的时候，最好是理论加上实践。

　　最后根据发展来选择阅读方向。它的特点是有目的性。

　　发展就是能力提升。对比现在，你有哪些能力想提高？你想做出哪些改变？想理财，通过钱生钱的方式来增加收入，你是不是需要阅读一些理财方面的书籍？不满足于现在的阅读速度，想有所提高，你是不是需要阅读介绍快速阅读方法之类的书籍？

　　综合的考虑是，先考虑现状，再考虑发展，中间搭配一些兴趣。先要有温饱，才能追求更好的生活，才能有时间去追求自己的兴趣。

明确了阅读方向，接下来如何培养阅读习惯？

先设置提示，提醒你该开始阅读了。

你是有固定的阅读时间，还是只能用零碎时间进行阅读？如果是可以固定的时间，比如早上半小时、晚上半小时，那可以通过定闹钟来提示。时间久了，到了这个时间你就知道该去阅读了。

如果是零碎时间，提示阅读最好的方式就是书了，看到书就知道该阅读了。最好能够随身带一本纸质书，因为如果是电子书，当你掏出手机来，首先想到的很多时候不是阅读，而是去聊微信、玩游戏；如果打开包掏手机时，你能够看到一本纸质书，就能够让你想起该阅读了。

家里最好放一个书架，把你所有想读的书都摆出来，或者是读一本，摆一本。在家里的其他地方也多放一些书，卧室里放一本，客厅里放一本，甚至厕所里也放一本。任何地点都能看到书，随时提醒你该开始阅读了。

接收到了提示，接下来就是开始执行了。

执行的过程中需要注意的是，一开始不要给自己太大的压力，先从细小的、轻松的开始。一下子就给自己太大压力，今天要把这本书读完，就会产生叛逆心理，觉得太难了，就容易拖延。从少量开始，今天只看五页，就会觉得很容易完成。

最后是奖励。

今天读完一本书了，就奖励自己一顿大餐，或者给自己买个东西。

除了实物奖励，再来些精神上的奖励。将你读过的书列一张清单，看着书目不断地增加，也能激发你继续读下去的想法。读完的书进行一个输出，写个书评或者给别人分享一下，自己回顾的同时，还能得到别人的认可。别人越认可你，你就越想继续下去了。

这就是培养阅读习惯的方法。有了阅读习惯，就会想获取更多的知识，这样能够系统化地开始学习提升了。

学会记账，开启理财思维

说到理财，很多人会有一些错误的认识，觉得不管自己现在有没有钱，有多少钱，都可以开始进行理财。这其实是不太正确的。想要理财，至少要先有一些储蓄。没有储蓄，拿什么理财？要准备好应急备用资金，没有备用金，急需用钱时怎么办？还要清楚自己现在手上到底有多少资产，多少负债，负债很多，应该先把负债还上再说理财。

所以，想要有一个好的理财结果，至少需要培养以下三个理财习惯。

第一个习惯：储蓄

父母这一辈人还是比较喜欢储蓄的，有了钱就喜欢放银行，但是到了年轻人这一辈，有储蓄习惯的人越来越少了，大都养成了提前消费的习惯，没钱还要高消费，再加上房贷、车贷等，压力越来越大。

你现在每月能攒下多少钱？说到攒钱，很多人都是先消费，后攒钱，每个月发了工资以后，先花，剩下多少再攒多少，但通常都是根本没剩下的。

正确的储蓄习惯应该是先储蓄后消费。每个月发了工资，先强制自己储蓄20%左右的资金，剩下的再去花，哪怕全部花完了也无所谓。

第二个习惯：记账

要理财，先要搞清楚现在的收支情况，支出中哪些是必要支出，哪些是非必要支出，哪些是冲动性消费，学会开源节流。

记账可以通过记录数据，拿数据来进行分析，更加有说服力。不能总是凭自己的感觉来。感觉自己每个月没有乱花钱，花的都是应该的，等你真正记录下来后就会发现，很多都是非必要的支出，甚至是冲动消费。

减少非必要支出，才能有更多的储蓄。

第三个习惯：定期填写资产负债表，进行盘点

资产就是把钱放到你口袋里，负债就是把钱从你口袋里拿走。你可以通过盘点，来看看自己现在手上到底是资产多，还是负债多。

当你的负债占比很大时，你当下要做的是减少负债，控制在你收入的50%以内，这样你才能有更多的余钱去进行理财；

当你的资产大于负债时，说明你整体的风险是比较低的，可以适当进行一些高风险的投资。

这是三个理财需要培养的习惯，下面重点以记账为例，讲一下具体的培养过程。

首先，要记账就需要有一个好的提示，提示可以从动作和时间两方面进行。

动作就是每次有支出时，不管花多少钱，你都要意识到自己要开始记账了，特别是现在用手机支付，刷了微信、支付宝后，马上打开记账的App记一笔。这里插入一句，记账App可以用"随手记账"或者"挖财记账理财"，这两个比较好用。

同时打开微信和支付宝的消费提醒，每次支付完也会收到一个消息提醒，这个消息提醒也是提示你该去记账了。

很多人会觉得花一笔记一笔很麻烦，觉得麻烦可以每天固定一个时间，集中记录，比如每天睡觉前，花几分钟把今天所有的支出情况记录一下。

不过，还是建议你每花一笔就记一笔，这样才能让你体会到自己花钱的频率，才能让你有心疼的感觉，从而减少支出。

记录比较简单，打开App，输入数字，选择分类，保存就完成了。这里需要注意的是，除了记录支出，还要把收入也记录下来。

大部分人的收入都是每个月固定的工资，除了这些，也应当把理财的收益记录下来，这样能搞清楚自己理财的进展。比如把钱放到余额宝里面了，余额宝每天都有一些收益，这也算你的收入，需要记录。

有收入，有支出，才能做出更好的分析。分析是奖励与否的前提。

想要奖励，先要做好回顾。可以每周回顾，也可以每月回顾。如果你现在支出是比较多的，那么建议你每周都回顾一下；支出并不多，每月一次就可以了。

回顾的过程也是进行分析比较的过程。把本月的支出同上个月的支出进行比较，比上个月的支出少了，可以拿出节省下来的钱的一部分给自己买个礼物，作为给自己的实物奖励。

如果本月花得比上个月多了，就需要看一下原因，是自己冲动消费了，还是有一些具体的新增需求。这个月多出来的部分，需要在下个月想办法把它省回来。

花少了有奖励，花多了有惩罚，一直记录，一直看着支出在减少，你也更加愿意坚持下去了。

把账记好了，有储蓄了，搞清楚了自己的资产负债情况，接下来就可以开始理财了。理财需要正确的思维方式。

首先，不要盲目地相信理财。理财不会让你一夜暴富，你要老老实实地、一步一步地来，不要盲目相信低投入高回报。

其次，理财的目的要与你的生活规划相结合。你理财的目的是什么？不要说想有很多很多的钱，要说出具体的数字，还有这些钱具体要用来干什么。

结合生活的规划，下一步要买房了，要结婚了，准备要小孩了。买房首付多少，结婚支出多少，小孩的教育资金多少，这些都要有明确的数字。

有了目标就要根据目标来进行，不要迷失方向，不要看到别人买股票赚钱了，你也去买股票，这样会很混乱。

最后，要把花钱转变成挣钱，不要光想着怎么省钱，要想想有什么办法能够挣到钱。工作上升职加薪，除了工作，业余时间还可以通过哪些兼职方式来挣钱。

培养好了理财习惯，你的财富才会有所增加。